湘西烟田连作障碍绿色调控技术及机理

XIANGXI YANTIAN
LIANZUO ZHANG'AI LÜSE TIAOKONG
JISHU JI JILI

主编 ◎ 刘勇军 孟德龙 杨红武

中南大学出版社
www.csupress.com.cn
·长沙·

编 委 会

◇ **主　编**

　　刘勇军(湖南省烟草科学研究所)

　　孟德龙(中南大学)

　　杨红武(湖南省烟草公司永州市公司)

◇ **副主编**

　　曹明锋(湖南省烟草公司常德市公司)

　　邢　蕾(四川中烟工业有限责任公司)

　　王振华(湖南省烟草公司张家界市公司)

　　张　胜(湖南省烟草公司湘西自治州公司)

　　祝　利(湖南省烟草公司常德市公司)

　　滕　凯(湖南省烟草公司湘西自治州公司)

　　陶界锰(中国烟草郑州烟草研究院)

　　巢　进(湖南省烟草公司湘西自治州公司)

　　张明发(湖南省烟草公司湘西自治州公司)

　　朱　益(湖南省烟草公司常德市公司)

吴小森(湖南省烟草公司湘西自治州公司)

陈千思(中国烟草郑州烟草研究院)

李菁菁(福建中烟工业有限责任公司)

陈义强(福建中烟工业有限责任公司)

沈始权(福建中烟工业有限责任公司)

李小慧(湖南省烟草公司永州市公司)

◇ 编　委(以姓氏笔画排序)

孔午园　邓　勇　帅开峰　田明慧

向孝武　张晓阳　罗先学　钟艮平

谭艳平

目录 / Contents

第 0 章　绪论

　　土壤微生物组指的是土壤中所有微生物及其栖息环境的总称，核心研究内容是特定土壤中微生物种群的协同进化规律及其对周围环境的作用。土壤微生物组与人们的生产生活和基本需求密切相关，例如农业生产、作物种植和生态环境保护等。微生物是植物-土壤生态系统中生物要素转化迁移的重要动力，土壤中有机质的积累与分解、氮元素的转化、微量元素的积累与吸收等过程都与微生物的活动有着密切关系。传统的土壤微生物学研究的重点主要是养分利用效率、元素转化速率、与土壤活性相关的酶及功能基因等。实际上，土壤微生物组对氮元素的转化及有效利用起决定性作用，例如硝化作用、反硝化作用和生物固氮作用等，在提高氮元素利用率和降低氮肥使用率等方面发挥了重要作用。土壤微生物组在陆地生态系统的植物多样性中扮演了重要角色，直接参与了土壤养分循环和植物养分获取两个过程。同时，土壤微生物能够增强土壤养分的生物有效性，加快土壤养分的循环速度，改变植物获取养分的生物量。

　　烟草种植的优劣在很大程度上取决于土壤的性质，不同微生态条件下的土壤种植出来的烟草，其烟叶品质、风格特征、抗逆性、产量等表现出明显差异。然而烟草种植区土壤大多数长期处于连作状态，再加上化学农药和肥料的大面积施用，导致出现植烟土壤肥力下降、病虫害加重、烟叶质量和产量变低等严重问题。土壤微生物在矿物质分解、微量元素和养分的循环过程中发挥着重要作用，微生物的数量、种类和组成对土壤养分的转化和土壤生物活性有直接影响，是土壤健康评价的重要指标之一。因此，研究植烟土壤中微生物的多样性，同时结合相应的物理化学指标，建立植烟土壤的修复和保护技术体系，对提高土壤质量具有重要意义和应用价值。

　　湘西土家族苗族自治州（简称湘西州）、张家界市、常德市和怀化市等属于湖南山地烟区，是我国典型的醇甜香型风格烤烟种植生态区域之一。本研究针对湘西山地烟区植烟土壤病原微生物增多，烟叶品质、养分利用率低等问题，利用高通量测序和组学手段对植烟土壤微生物种群的物种多样性、变化规律及其环境功能进行分析，对湖南山地烟区典型烟田的土壤微生物组进行研究，包括代表类群、特有物种、各物种之间的比例,以及这些微生物可能的功能、代谢网络、与自然环境之间的关系等,同时结合湖南山地烟区醇甜香型风格烟叶的代谢组学解析,将烟草生长状况和代谢产物特征与植烟土壤、植烟土壤微生物宏基因组状况进行关联,揭示微生物宏基因组中与烟叶特征代谢产物相关的基因及其功能,构建特征代谢产物与植烟土壤微生物之间的互作网络,有针对性地探索有益微生物的类别、功能及其作用机制,分析筛选出与提高烟叶风格特征相关的微生物类群。在初步探明与烟叶特征代谢产物相关的关键微生物因子和掌握土壤微生物资源信息的基础上,针对性地筛选并鉴定出相关有益微生物,开展配套发酵工艺研究,进行微生物菌剂和功能性生物有机肥的研发,并结合相应的植烟土壤保育技术,进行相应的田间试验,构建基于微生物组学的湘西烟叶品质提升技术平台,形成以"有益微生物+植烟土壤保育+障碍因子消减"为核心的湘西山地烟叶品质提升技术体系,有力确保有益微生物功能的最大化,为湘西烟叶的可持续发展和优质烟叶生产提供技术支撑。

第 1 章　粉垄深耕提升连作障碍烟田烟叶品质的作用机理研究

　　耕作方式是影响植烟土壤质量变化及可持续利用的重要外因。山地烟区多采用小型旋耕机械耕翻，致使植烟土壤耕层变浅、犁底层升高、板结与蓄水保肥能力下降等，已成为烤烟生产的制约因子之一。适宜的耕作方式是调控土壤水、肥、气、热状况的有效措施，可有效促进农田生态系统良性循环，使农作物增产、增质和增效。垂直深旋耕（又称粉垄）作为一种新型的耕作方式，是指利用专用机械中的垂直螺旋型钻头快速扰动土壤，既具有犁翻耕的深松作用，又具有旋耕后土壤疏松、土粒粉碎均匀的特点，可提高土壤中的速效养分含量，增加赤红壤中的团聚体含量，能有效改善小麦生育中后期田间微环境，抑制岩溶区甘蔗地土壤优先流的发生与发展，提高土壤的保肥蓄水能力，已在水稻、马铃薯、甘蔗、玉米、小麦等作物增产提质方面得到应用，而在烤烟生产方面少有报道。

1.1　粉垄（垂直深旋耕）对烤烟生长与生产质量的影响

　　为进一步提高植烟土壤质量，充分发挥耕作方式在土壤改良和烤烟增产提质方面的作用，本研究探讨了垂直深旋耕对植烟土壤理化特性、烤烟生长、干物质和养分积累、烟叶经济性状和化学成分的影响，以期为山地植烟土壤保育技术的进一步发展和优质烟叶生产提供理论支撑。

1.1.1　材料与方法

（1）试验材料

　　本试验于 2019 年在湖南省花垣县科技示范园（28.53°N, 109.45°E）进行。试验地前茬为水稻，土壤为黄壤发育的水稻土。深度为 0～20 cm 的基础土壤数据：pH 为 5.27，有机质含量为 17.01 g/kg，碱解氮含量为 83.75 mg/kg，有效磷含量为 16.06 mg/kg，速效钾含量为 106.46 mg/kg。烤烟品种为云烟 87。石灰为市售熟石灰，施用量为 2250 kg/hm²。垂直深旋耕起垄机由湖南田野现代智能装备有限公司生产，旋耕机、微型起垄机由合作社提供。

（2）试验设计

试验设垂直深旋耕和起垄一次性作业方式（简称垂直深旋耕方式）、旋耕和起垄 2 次作业方式（简称传统耕作方式）两个处理组。T 表示垂直深旋耕方式，选用郴州市田野农业机械制造有限公司生产的可实现垂直深旋耕和起垄的一体机，该机采用 4 根垂直轴旋切粉碎土壤，土壤翻耕和起垄一次性作业完成，垄幅 120 cm，垂直深旋耕深度为 40 cm，垄高 30 cm，松土层厚 50 cm。CK 表示传统耕作方式，采用小型拖拉机带旋耕机旋耕作业，微型机械起垄，土壤翻耕和起垄分 2 次作业完成，垄幅为 120 cm，翻耕深度为 20 cm 左右，垄高 30 cm，松土层厚 30 cm。设 3 个重复样本，小区面积为 300 m²。土壤翻耕前均匀撒施熟石灰，烤烟移栽前 10 d 完成土壤翻耕和起垄作业。烤烟施氮量为 109.50 kg/hm²，$m(N):m(P_2O_5):m(K_2O) = 1:1.27:2.73$，采用烟草专用饼肥、专用基肥等，分 3 次施用追肥。烤烟种植密度为 16650 株/hm²（1.2 m×0.5 m），4 月下旬移栽，7 月上旬打顶，留叶片数 16~18 片，其他栽培管理措施同湘西自治州优质烤烟生产技术规程。

（3）主要检测指标及方法

①根系形态指标测定：烤烟移栽后 25 d、50 d、80 d、120 d 分别从每个处理组选择 5 株长势均匀一致的烤烟样株。25 d 的样株为全株根系，小心挖取后用水冲洗干净；50 d 的样株为采用植物根系取样器（直径 10 cm，高度 20 cm）在离烟株 5 cm 的垄体中部（垄脊）和垄体边（垄侧）各取 1 个土柱；80 d 取样是采用植物根系取样器在离烟株 8 cm 的垄体中部和垄侧各取 1 个土柱；120 d 取样是采用植物根系取样器在离烟株 10 cm 的垄体中部和垄侧各取 1 个土柱。用水浸泡土柱，使根、土分离并冲洗干净，用网筛承接根系，尽量保持根系完整。采用 LA-2400 多参数根系分析系统，测定根长、根表面积、根体积、根直径及根尖数。120 d 的根系形态数据是垄脊和垄侧的平均值。

②烤烟生长指标调查：每个处理组选定 5 株烟草进行观察，于移栽后 25 d、50 d、80 d，按照标准《烟草农艺性状调查测量方法》（YC/T 142—2010）测定株高、茎围、叶片数、叶长、叶宽等。叶面积=叶长×叶宽×0.6345。30 d 测定最大叶；60 d 测定下部、中部、上部烟叶，即分别为从下往上数的第 2~4 叶、第 6~9 叶、第 11~13 叶；90 d 测定中部和上部烟叶，即分别为从上往下数的第 2~4 叶、第 8~9 叶。

③烤烟干物质及全氮、全磷、全钾、烟碱含量测定：于移栽后 70 d，从每个处理组选择 5 株长势均匀一致的植株，分切为根、茎、叶片，在 105℃ 条件下杀青 30 min，80℃ 条件下烘干至恒质量后测定干物质质量。植株用 H_2SO_4-H_2O_2 法消

煮,全氮采用凯氏定氮法测定,全磷采用钼锑抗比色法测定,全钾采用火焰光度法测定,烟碱含量采用荷兰 SKALARSan++流动分析仪测定。氮(磷、钾、烟碱)积累量(mg/株)=移栽后 70 d 单株干物质质量(g)×单株含氮(磷、钾、烟碱)量(%)×10。干物质(氮、磷、钾、烟碱)分配率(%)=某器官干物质(氮、磷、钾、烟碱)质量/植株干物质(氮、磷、钾、烟碱)总质量×100%。

④烤烟经济性状考察:每个处理组分别采用单采、单烤方式,由分级专家分级后,考察上等烟叶比例、中等烟叶比例、均价、产量、产值等烟叶经济性状。

⑤烟叶化学成分测定:从各处理组选取具有代表性的 B2F、C3F 等级烟叶,采用荷兰 SKALARSan++间隔流动分析仪测定总糖、还原糖、总氮、烟碱、氯含量,用火焰光度法测定烟叶钾含量。糖碱比为总糖与烟碱含量的比值,氮碱比为总氮与烟碱含量的比值,钾氯比为钾与氯含量的比值。

(4)数据分析

采用 Microsoft Excel 2003 和 SPSS 17.0 进行数据处理和统计分析。采用 Duncan 法在 $P=0.05$ 水平下检验显著性。

1.1.2　结果与分析

(1)对烤烟地下部根系生长的影响

由表 1-1 可知,在烤烟移栽后 25 d,T 组根系长度、表面积、体积、根尖数均显著大于 CK 组,较 CK 组的根系发育较好。在烤烟移栽后 50 d,垄脊根系长度、表面积、体积、根尖数均是 T 组显著大于 CK 组,垄侧根系长度、表面积、体积、根尖数则是 T 组显著小于 CK 组;在烤烟移栽后 80 d,垄脊根系长度、表面积、根尖数均是 T 组显著大于 CK 组,垄脊根系体积、平均直径均是 T 组显著小于 CK 组,垄侧根系长度、表面积、体积均是 T 组显著大于 CK 组,可推测这是垂直深旋耕的烤烟根系分布较深、传统耕作的烤烟根系分布较浅所致。烤烟移栽后 120 d,T 组根系长度、表面积、体积、平均直径、根尖数均大于 CK 组,但差异不显著,这可能与根系取样距离烟株较远有关。

表 1-1　不同耕作方式对烤烟根系形态指标的影响

移栽时间/d	处理组	根长度/cm	根表面积/cm²	根体积/cm³	根平均直径/mm	根尖数/个
25	T	420.18± 30.45a	181.03± 9.20a	7.50± 0.28a	1.49± 0.02a	642± 88a
	CK	315.22± 21.07b	151.92± 7.31b	5.73± 0.50b	1.51± 0.04a	426± 42b

续表1-1

移栽时间/d	处理组	根长度/cm	根表面积/cm²	根体积/cm³	根平均直径/mm	根尖数/个
50	T-垄脊	663.79± 5.46a	237.98± 11.01a	6.79± 0.62a	1.14± 0.16a	998± 25a
	CK-垄脊	649.73± 7.82b	188.17± 9.29b	4.34± 0.31b	0.92± 0.22a	805± 22b
	T-垄侧	188.04± 10.85b	64.14± 12.35a	1.31± 0.20b	0.82± 0.16b	272± 23b
	CK-垄侧	249.20± 9.49a	66.64± 8.08a	1.88± 0.14a	1.13± 0.19a	343± 62a
80	T-垄脊	337.99± 22.48a	95.43± 5.90a	2.14± 0.05b	0.90± 0.15b	645± 34a
	CK-垄脊	214.83± 40.10b	82.73± 4.21b	2.54± 0.08a	1.23± 0.14a	404± 66b
	T-垄侧	307.17± 32.11a	75.97± 9.65a	1.50± 0.10a	0.79± 0.11a	538± 28a
	CK-垄侧	216.04± 25.09b	58.28± 10.26b	1.25± 0.09b	0.86± 0.12a	568± 21a
120	T	227.60± 30.22a	1.69± 0.13a	69.50± 4.56a	0.97± 0.26a	966± 87a
	CK	224.21± 26.41a	1.38± 0.35a	62.38± 7.01a	0.89± 0.13a	847± 102a

①表中数据为平均值±标准差；②a、b表示统计学差异，下同。

（2）对烤烟地上部生长的影响

由表1-2可知，在烤烟移栽后25 d，T组植株株高、茎围、叶片数、最大叶面积均显著大于CK组，较CK组的地上部分生长发育较好。在烤烟移栽后50 d，T组植株株高、茎围、中部烟叶面积均显著小于CK组，叶片数、下部烟叶和上部烟叶面积差异不显著，表明T组地上部分生长发育较CK组差。在烤烟移栽后80 d，T组植株株高、中部烟叶面积、上部烟叶面积均显著大于CK组，表明T组地上部分生长发育较CK组好。可见，传统耕作的烟草根系分布较浅，在旺长前期烤烟的生长优于垂直深旋耕方式；但垂直深旋耕的根系分布较深，有利于烤烟后期生长。

表 1-2　不同耕作方式对烤烟地上部生长的影响

移栽时间/d	处理组	株高/cm	茎围/cm	叶片数/片	面积/cm²		
					下部烟叶	中部烟叶	上部烟叶
25	T	41.62±2.98a	7.22±0.27a	9.00±0.71a	—	833.54±53.68a	—
	CK	33.06±2.41b	5.76±0.65b	7.40±0.55b	—	562.97±192.64b	—
50	T	80.97±3.33b	7.03±0.15b	14.33±1.15a	978.2±163.27a	900.01±37.75b	649.03±82.04a
	CK	93.3±3.67a	8.1±0.10a	14.67±0.58a	998.09±79.61a	1116.58±50.63a	707.33±103.43a
80	T	109.23±1.10a	9.43±0.12a	—	—	1147.73±159.91a	1149.82±104.72a
	CK	103.97±1.72b	9.13±0.06a	—	—	772.52±49.93b	835.12±33.3b

（3）对烤烟物质积累与分配的影响

由表 1-3 可知，烤烟积累的干物质、氮、磷、钾、烟碱主要分配给烟叶，分配给烟叶的量 T 组较 CK 组相对较多，分配给烟茎的量 CK 组较 T 组相对较多。从烤烟干物质积累量看，T 组干物质积累量大于 CK 组，主要表现为烟根、烟叶的干物质积累量较多，但 CK 组的烟茎干物质积累量要大于 T 组；T 组氮积累量大于 CK 组，主要表现为烟叶的氮积累量较多，但 CK 组的烟茎氮积累量要大于 T 组；T 组磷积累量大于 CK 组，主要表现为烟根、烟叶的磷积累量较多；T 组烟株钾积累量大于 CK 组，主要表现为烟根、烟叶的钾积累量较多，但 CK 组的烟茎钾积累量要大于 T 组；从烟碱积累量看，两种耕作方式差异不显著，但 T 组烟根烟碱积累量大于 CK 组，T 组烟叶烟碱积累量小于 CK 组。综上，垂直深旋耕种植的烤烟长势旺，有利于烟叶干物质、氮、磷、钾的积累，而传统耕作方式则有利于烟茎干物质、氮、磷、钾和烟叶烟碱的积累。

表 1-3 不同耕作方式对烤烟物质积累与分配的影响

种类	处理组	烟株 物质积累量 /(g·株⁻¹)	根 物质积累量 /(mg·株⁻¹)	分配比例 /%	茎 物质积累量 /(mg·株⁻¹)	分配比例 /%	叶 物质积累量 /(mg·株⁻¹)	分配比例 /%
干物质	T	141.63±2.68a	33.07±1.26a	25.31±3.07b	83.25±2.58a	23.35±0.67	17.87±1.25	58.78±3.41
	CK	109.18±5.90b	20.82±4.52b	33.08±2.15a	55.29±2.09b	19.07±1.04	30.30±0.96	50.64±2.54
氮	T	5015.87±494.98a	837.46±50.99a	696.57±45.19b	3481.84±490.4a	16.74±0.68	14.04±2.32	69.22±2.97
	CK	4325.51±66.95b	852.65±14.04a	1109.32±82.19a	2363.54±131.69b	19.71±0.32	25.66±2.12	54.63±2.43
磷	T	306.58±1.06a	56.68±0.70a	59.79±0.58a	190.11±2.11a	18.49±0.28	19.50±0.25	62.01±0.47
	CK	231.88±1.07b	32.40±0.24b	58.88±0.19a	140.60±1.44b	13.97±0.16	25.39±0.19	60.63±0.35
钾	T	2565.57±32.44a	617.75±23.77a	616.71±20.37b	1331.11±58.83a	24.09±1.19	24.04±0.94	51.87±1.64
	CK	1883.95±66.23b	377.32±5.96b	684.23±24.00a	822.39±52.73b	20.05±0.99	36.32±0.78	43.62±1.32
烟碱	T	660.75±45.11a	237.34±13.10a	18.84±8.86a	404.56±28.41b	35.95±0.96	2.82±1.18	61.24±1.67
	CK	595.68±93.98a	44.06±9.66b	17.97±8.85a	533.64±52.52a	7.38±0.80	3.20±2.06	89.43±2.47

(4)对烤烟经济性状的影响

由表1-4可知,两种耕作方式种植的上等烟比例、中等烟比例和均价差异不显著,但垂直深旋耕种植的烤烟产量、产值均显著大于传统耕作。可见,垂直深旋耕可提高烟叶产量和产值。

表 1-4　不同耕作方式对烤烟经济性状的影响

处理组	上等烟比例/%	中等烟比例/%	均价/（元·kg⁻¹）	产量/（kg·hm⁻²）	产值/（元·hm⁻²）
T	44.56± 2.11a	49.49± 3.26a	22.99± 1.02a	2027.59± 16.35a	46622.07± 104.56a
CK	43.98± 2.04a	53.07± 1.64a	23.41± 1.65a	1771.81± 21.42b	41470.81± 127.82b

（5）对烤后烟叶化学成分的影响

由表 1-5 可知，从 B2F 等级看，垂直深旋耕生产的烟叶总糖和还原糖含量低于传统耕作方式，烟叶钾含量相对较高。从 C3F 等级看，垂直深旋耕生产的烟叶总糖含量低于传统耕作方式，烟叶钾含量相对也较高。可见，垂直深旋耕生产的烟叶糖含量相对较低（在适宜范围内）[17]，但烟叶钾含量较高。

表 1-5　不同耕作方式对烟叶化学成分的影响

烟叶等级	处理组	总糖含量/%	还原糖含量/%	烟碱含量/%	总氮含量/%	钾含量%	氯含量%	糖碱含量比	氮碱含量比	钾氯含量比
B2F	T	19.78± 0.55b	16.59± 0.63b	3.42± 0.23a	2.61± 0.05a	2.22± 0.05a	0.50± 0.11a	5.81± 0.50a	0.77± 0.04a	4.42± 0.12a
	CK	25.52± 1.18a	20.38± 0.63a	3.66± 0.21a	2.73± 0.15a	2.06± 0.01b	0.34± 0.13a	7.00± 0.69a	0.75± 0.01a	6.06± 0.49a
C3F	T	27.98± 0.40b	22.20± 1.47a	2.76± 0.16a	2.26± 0.19a	2.65± 0.06a	0.47± 0.13a	10.18± 0.72a	0.82± 0.10a	5.63± 0.27a
	CK	31.20± 1.06a	21.85± 1.77a	2.84± 0.06a	1.80± 0.09b	2.10± 0.05b	0.36± 0.15a	10.98± 0.15a	0.63± 0.04b	5.83± 0.48a

1.1.3　小结

①垂直深旋耕方式通过深耕、深松、碎土打破了犁底层，提高了石灰改良酸性土壤全耕作层土壤 pH，降低了土壤堆密度，提高了土壤孔隙度，增加了土壤有机质含量，提高了烤烟大田中后期土壤氮钾的有效性。

②垂直深旋耕方式由于加深了土壤耕作层，细碎了土壤，促进了烤烟根系发育和下扎，有利于大田中后期烤烟地上部分的生长。

③不同耕作方式生产的烤烟物质积累与分配存在差异，垂直深旋耕方式有利于烟叶干物质、氮、磷、钾的积累。

1.2 粉垄提升烟叶品质的核心根际微生物群落结构及功能研究

本节探讨粉垄对烟草根际细菌群落及生长特性的影响，科学假说为"不同的耕作方式可调节根际土壤细菌群落，调控与植物生长密切相关的微生物，提升烟叶品质，并提高土地生产力"。本章研究粉垄对土壤理化特性、根际细菌群落和烟草质量的影响，分析粉垄对烟叶品质常见病害的发病率、叶片色素含量、生长特征和根系结构等的作用，明确粉垄对土壤肥力和烟草质量的作用效果，解析根际细菌群落在促进烟草生长中的作用。

1.2.1 材料与方法

（1）试验设计

试验基地位于中国湖南省花垣县，为一个连续 30 年进行传统旋转耕作的试验田，近 5 年该试验田存在烟叶品质差的现象。试验包括粉垄 50 cm(T1)、粉垄 40 cm(T2)、粉垄 30 cm(T3)、常规旋转耕作 20 cm(CK)4 个处理组，每个处理组含 3 个平行样本。按试验设计进行耕作后，以 16650 株/hm² 的密度将烟苗移植到试验田，采用相同的农业管理方法和施肥制度进行田间管理。烟草生长成熟阶段是烟草质量形成的关键时期，此时土壤细菌群落发挥着重要作用。采集不同处理组的烟草根际土壤样品和烟草中叶（第 10 叶）样品。在每个处理组中随机选择两株烟草，轻轻抖掉松散黏附的土壤，然后用无菌刷收集根际土壤，分别在-80 ℃和 4 ℃条件下保存以进行 DNA 提取和理化分析。

（2）测定项目及方法

①土壤理化特性检测。

测定土壤 pH 和有效磷（AP）、速效钾（AK）、有效氮（AN）和有机质（OM）含量。

②微生物 DNA 提取和 Illumina 测序。

使用 FastDNA SPIN Kit 试剂盒（MP Biomedicals，Santa Ana，USA）提取根际土壤的总 DNA。提取的 DNA 质量采用 NanoDropND-2000 分光光度计（ND-1000 Spectrophotometer，America）进行分析，按 260/280 nm 和 260/230 nm 测定其吸光度。采用引物 341F(5'-CCTACGGGNGGCWGCAG-3')和 805R(5'-GACTACHVG GGTATC TAATCC-3')对细菌 16SrRNA 基因 V3-V4 区域进行扩增。将 PCR 扩增

后的产物使用 Illumina MiSeq 测序仪进行高通量测序。

测序数据在 Galaxy 平台上进行处理(http：//ieg4. rccc. ou. edu/index. cgi,
Institute for Environmental Genomics, University of Oklahoma)。首先,从序列中去除
含 N 碱基,然后根据长度对序列进行裁剪。去除嵌合体和单一序列后,将相似性
超过 97% 的序列归到相应的可操作分类单元(operational taxonomic units, OTU)
中,并使用 UPARSE 生成 OTU 表。通过 RDP 数据库比对,在 50% 的阈值下进行
注释。

(3)数据分析

运用 R 软件中的"phyloseq"和"ggplot2"(version 3. 6. 3)基于 Unifrac distance
计算微生物群落结构差异(McMurdie and Holmes, 2013)。基于 Bray-Curtis 和
Euclidean 距离采用 PCoA 分析微生物群落结构差异。采用"vegan"进行 Mantel 检
验和群落的 α 多样性(Chao 值)、香农指数(Shannon index)、辛普森指数(Simpson
index)、物种丰富度(species richness)和均匀度(Pielou's evenness)分析。然后利
用"adespatial"包将不同微生物群落处理组差异划分为物种替换和丰度变化。采
用 VPA 分析根际土壤理化特性和根系结构参数对细菌群落变异的解释度。利用
R 软件中的 "DESeq2"进行相似比检验(LRT),分析粉垄处理和常规耕作处理根
际土壤间相对丰度有显著性差异的 OTU[148],并使用 FDR 校正 P 值。分别使用 R
软件中的"venndiagram"和"pheatmap"进行维恩图和热图分析。采用单因素方差
分析(ANOVA)和 Tukey 检验方法来计算处理组间差异的显著性。

分子生态网络以 OTU 表为基础,加入根际土壤理化特征和根系结构参数,
表示不同参数之间的相互关系。分子生态网络分析在线上平台进行(http：//
129. 15. 40. 240/MENA/main. cgi),采用随机矩阵理论(RMT)自动选择相似度阈
值(St)。使用 CytoScape 软件(version 3. 8. 1)进行可视化。为了评估不同参数在
网络中可能发挥的拓扑作用,根据模块内连通度(Zi)和模块间连通度(Pi),将节
点分为模块枢纽(Zi ≥ 2. 5)、网络枢纽(Zi ≥ 2. 5 和 Pi ≥ 0. 62)、连接器(Pi ≥
0. 62)和外围节点(Zi < 2. 5 和 Pi < 0. 62)。为了确定 4 个处理组中 OTU 的分布变
化,我们将所有 OTU 分为两类：4 个处理组中的共享 OTU(AET)和仅存在于深度
耕作处理组中的特殊 OTU(AT)。利用功能基因预测分析(PICRUSt2; https：//
github. com/picrust/picrust2/)细菌群落的潜在功能。首先,在参考的系统发育树
中计算每个物种不同功能基因的含量,并建立预测基因家族的丰度表。然后,将所
有物种的基因功能预测含量与微生物群落中 OTU 的相对丰度表相结合,生成群落
中功能基因的预测丰度。最后,利用 KEGG 数据库预测不同水平的功能信息。

采用"randomForest"包进行随机森林分析,筛选具有统计学意义的微生物预
测因子。在随机森林模型中,共选择了 35 个对样本分配很重要的 OTU。当 OTU
从群组中被移除时,通过计算模型精度的平均下降水平评估每个 OTU 对区分不

同处理组微生物群落结构的重要性。

1.2.2 结果与分析

(1)粉垄对烟草根际环境的影响

粉垄显著改变了烟草根际土壤的理化特性和根系生长特性。与传统的旋转耕作处理(CK)相比,深耕处理导致土壤 pH 和 AN 显著下降,AP、AK 和 OM 显著增加(Tukey 检验,$P<0.05$)(表 1−6)。与 CK 组相比,除 T3 组中的根尖数(NRT)显著降低外,粉垄处理的所有根系性状参数均显著增加(Tukey 检验,$P<0.05$)(Tukey 检验,$P<0.05$)。而且随粉垄深度的增加根长度(RL)呈现出显著增长的变化趋向(Tukey 检验,$P<0.05$),其中 RL_{T1})为 301.64 cm,RL_{T2} 为 255.93 cm,RL_{T3} 为 185.30 cm,RL_{CK} 为 96.89 cm 最短。T1 和 T2 组中根尖数(NRT)和根分支数(NRB)在 4 个处理组中均最高,其次为 CK 组中的 NRT 和 T3 组中的 NRB(Tukey 检验,$P<0.05$)。

表 1−6 烟草根际土壤理化性质

样品组	pH	物质含量/(mg·kg^{-1})			
		速效磷	有效钾	有效氮	有机质
T1	6.067± 0.027b	26.022± 0.280a	137.79± 1.42b	165.63± 3.24b	20.063± 0.234b
T2	5.773± 0.019 d	23.889± 0.376b	143.29± 1.88a	121.14± 5.00 d	26.935± 0.180a
T3	5.950± 0.028c	26.467± 0.317a	142.96± 1.87a	148.67± 5.83c	19.454± 0.158c
CK	6.115± 0.023a	17.261± 0.476c	130.18± 3.48c	239.63± 5.08a	18.562± 0.048 d

注:数值为每个处理组中 6 个重复样本的平均值±标准误差。结果后不同的字母表示经单因素方差分析(Turkey 检验,$P<0.05$)后的显著性差异。

(2)根际土壤细菌群落多样性分析

高通量测序共获得 1747753 条高质量序列,并在 T1、T2、T3 和 CK 组中分别归类为 3822 个、3796 个、3518 个和 3768 个 OTU。深耕处理的根际细菌群落的多样性指数包括 Chao 值、辛普森指数、香农指数、物种丰富度、Pielou's 均匀度,与传统旋耕处理相比均无显著性差异。T1 组的 Chao 值和物种丰富度指数显著高于T3 组(表 1−7)。基于 Bray − Curtis 距离,unweighted UniFrac 距离和 weighted

UniFrac 距离的 PCoA 分析结果表明, 不同处理组间根际细菌群落结构存在显著差异($P = 0.001$)。为了进一步分析 4 种处理方法之间的 β 多样性的差异, 基于 Euclidean 距离或 Bray-Curtis 距离进行 MRPP 和 ANOSIM 分析(表 1-8), 结果表明, T1 和 T2 组的细菌群落结构与 T3 和 CK 组均存在显著差异, 但 T1 和 T2 组、T3 和 CK 组之间无显著差异。此外, β 多样性差异的分解分析表明, 物种替代过程在不同处理组细菌群落结构差异变化中占主导地位(占 88.46%), 而丰度变化过程仅占 11.54%。

表 1-7　根际细菌群落的 α 多样性

样品组	chao 值	辛普森指数	香农指数	物种丰富度	Pielous's 均匀度
T1	2852.7±135.5a	0.995±0.0011a	6.474±0.0859a	1848.5±63.8a	0.861±0.0084a
T2	2740.7±223.7ab	0.993±0.0036a	6.348±0.2280a	1779.2±149.3ab	0.848±0.0211a
T3	2473.5±144.4b	0.990±0.0056a	6.105±0.3329a	1611.7±118.3b	0.827±0.0377a
CK	2688.5±232.8ab	0.995±0.0019a	6.410±0.2066a	1755.8±142.4ab	0.858±0.0184a

注: 数据以平均值±标准差表示($n = 6$), 不同字母表示经单因素方差分析(Tukey 检验, $p < 0.05$)后的显著性差异。

表 1-8　不同耕作方式对根际细菌群落结构影响的显著性检验结果

样品组	距离	CK ANOSIM	CK MRPP	T1 ANOSIM	T1 MRPP	T2 ANOSIM	T2 MRPP
T1	Bray-Curtis	**0.907** **	**0.341** **				
T1	Euclidean	**0.367** **	**4.041** **				
T2	Bray-Curtis	**0.637** **	**0.353** **	**0.407** **	**0.331** **		
T2	Euclidean	**0.235** **	**4.589** **	0.054	4.205		
T3	Bray-Curtis	**0.430** *	**0.389** *	**0.648** **	**0.367** **	**0.422** **	**0.379** **
T3	Euclidean	0.131	5.868	**0.391** **	**5.484** **	**0.215** *	**6.032** *

注: 粗体值表示显著性差异; * 和 ** 分别表示 $P < 0.05$ 和 $P < 0.01$。

　　LRT 分析结果表明, 粉垄处理显著改变了根际细菌群落组成。维恩图显示不同处理组间的核心 OTU 数量为 2093 个, 分别占 T1、T2、T3 和 CK 组微生物群落总 OTU 数量的 93.02%、93.21%、94.25% 和 93.74%[图 1-1(a)]。其余的 OTU 均为稀有物种, 其相对丰度均低于 0.1%。LRT 分析结果表明 T1 组中有 102 个 OTU 的相对丰度显著高于 CK 组, 68 个 OTU 的相对丰度显著低于 CK 组[图 1-1(c)]; T2 组中有 123 个 OTU 的相对丰度显著增加, 57 个 OTU 的相对丰度显著减少[图 1-1(d)]；T3 组中 16 个 OTU 的相对丰度显著增加，15 个 OTU 的相对丰度显著减少[图 1-1(e)][调整后的 P 值(P_{adj})<0.05]。此外，与 CK 组相比，T1 组中只有 13 个特有 OTU 的相对丰度显著增加，T2 组中有 19 个，而 T3 组中没有(P_{adj}<0.05)[图 1-1(f)]。也就是说，粉垄处理主要改变了核心物种的相对丰度。综上所述，深耕促进了根际细菌群落中稀有物种的更替和丰富物种的丰度变化，从而改变了根际微生物群落组成。

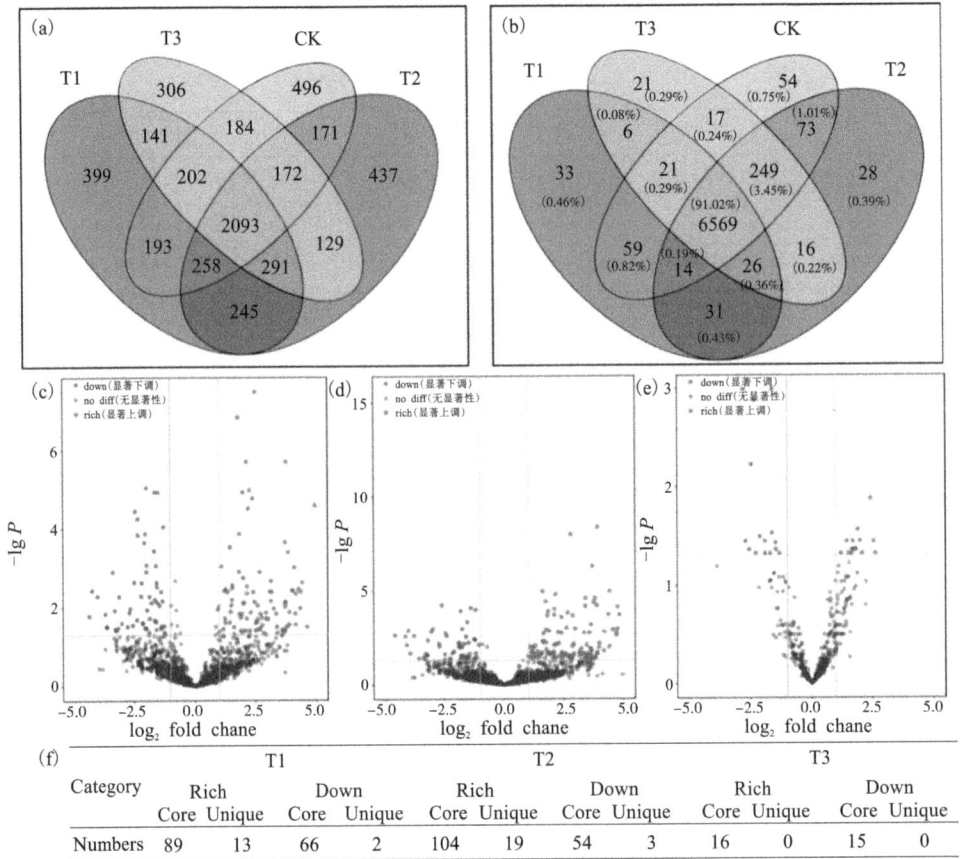

(a)和(b)分别表示常规耕作处理和间歇深耕处理中分类学 OTU 和功能 KO 的重叠。火山图(c)、(d)和(e)分别代表 T1、T2 和 T3 组的群落组成。火山图中深耕处理相比常规耕作相对丰度发生显著变化的根际细菌 OTU[以 2 为底的对数差异倍数>|1.5|，正假发现率的 P 值(P_{FDR})<0.05]分别用不同的颜色表示。(f)为深耕处理与常规耕作处理之间相对丰度有显著差异的 OTU 的统计结果。

图 1-1 不同耕作方式对根际微生物组成的影响

（3）根际环境促使细菌群落结构发生变化

Mantel 检验发现，土壤理化特性以及烟草根系生长特征均对根际细菌群落有显著影响（表 1-9）。基于去冗余分析（db-RDA）进一步评估根际环境参数对不同处理组细菌群落差异的解释度（图 1-2）。这些因素共同解释了 56.93% 的群落差异，通过去冗余分析保留了 RL、NRT、RPA、pH、AK 等 5 个主要环境因素。

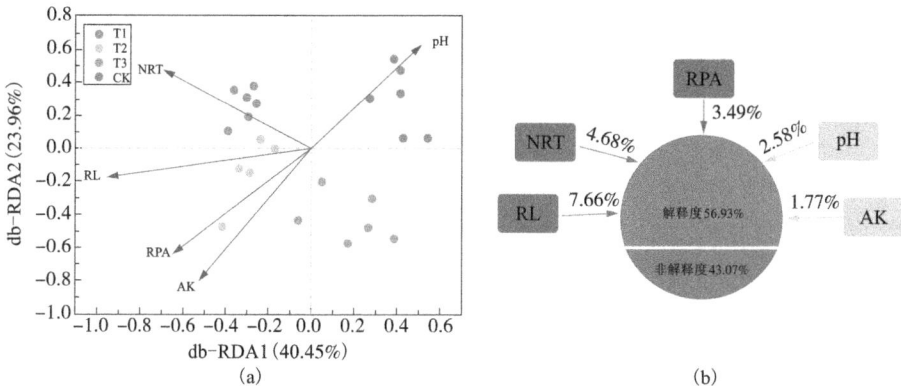

（a）描述细菌群落与根际环境之间的相关性，（b）为土壤理化特征和植物根系结构特征的解释度。
AK 为速效钾；RPA 为根投影面积（cm²）；RL 为根长度（cm）；NRT 为根尖数。

图 1-2 基于 Bray 距离的去冗余分析（db-RDA）

表 1-9 根际环境变量与细菌群落结构的 Mantel 检验

变量	r	P
RL	**0.5473**	0.001
RPA	**0.3029**	0.004
RSA	**0.3938**	0.001
NRT	**0.3456**	0.001
NRB	**0.4919**	0.001
pH	**0.1595**	0.033
AP	**0.3505**	0.002
AK	**0.3260**	0.002
AN	**0.3881**	0.001
OM	**0.2434**	0.006

注：粗体值表示有显著性差异。AP 为有效磷含量，AK 为速效钾含量，AN 为有效氮含量，OM 为有机质含量。RPA 为根投影面积（cm²），RSA 为根表面积（cm²），RL 为根长度（cm），NRT 为根尖数，NRB 为根分支数。

通过构建以 OTU 丰度、土壤理化特性和植物根系生长特征为基础的分子生态网络来研究根际环境因素对细菌群落组成的影响。网络由 42 个模块、347 个节点和 647 条链接组成。除 NRT 外，所有的环境因素都处于模块 2 中。用与"AT"和"EF"相关联的 OTU 构建的子网络(图 1-3)研究环境因素与 AT 和 AET 之间的关系。如图 1-3(b)所示，AT 在整个网络中与 EF 和 AET 的正相关关系分别为 78.26% 和 78.95%。除 OTU_648(sphaerobacter)、OTU_22(bradyrhizobium)和 OTU _165(conexibacter)外，关键环境因素 RL 与 AT 和大多数 AET 都呈正相关关系 [图 1-3(c)]。另外，以上 OTU 均与 AT 中的 OTU_147(unclassified)和 OTU_431(Gp6)呈负相关关系，而 NRB 仅与 AET 中的 OTU_22 和 OTU_648 呈负相关关系，这两个 OTU 与 AT 中的 OTU_147 呈负相关关系。Zi-Pi 图显示了 OTU 在微生物群落中的作用[图 1-3(d)]，其中有 7 个 OTU 发挥了"模块枢纽"的作用，5 个 OTU 发挥了"连接器"的作用。两个根际环境因子(RL 和 NRB)也充当了模块枢纽的角色，在根际细菌群落中发挥着重要作用。

(4)根际细菌群落与烟草生长性状的关系

粉垄通过降低烟草病害发病率，提高烟草株高、茎围和叶片色素含量等生长性状指标，显著提高了烟草的产量(表 1-10)。单因素 ANOVA 分析表明，T1 和 T2 组的株高和茎围显著大于 CK 组，T3 组的株高显著高于 CK 组($P<0.05$)。所有粉垄处理组烟草叶绿素 a 的含量均显著高于 CK 组($P<0.05$)。与 CK 组相比，粉垄处理组烟草的根腐病、青枯病和空茎病的发病率均显著降低($P<0.05$)。利用随机森林分析筛选了 35 个特征 OTU，其中有 30 个 OTU 是所有 4 个处理组中共有的。Pearson 相关性分析结果表明，除 OTU_142 外 OTU 的相对丰度显著影响了植物的生长性状($P<0.05$)；其中 20 个 OTU 对植物生长有积极影响，与植物株高、茎围等特征呈显著正相关，与黑胫病、根腐病、青枯病、空茎病等植物病害的发病率呈显著负相关，这些 OTU 主要属于 Aeromicrobium、Aquabacterium、Aquihabitans、Gemmatimonas、Hydrogenophaga、Gp3、Gp6、Kofleria、Mizugakiibacter、Saccharibacteria_genera_incertae_sedis 和 Streptomyces 属；其中 14 个 OTU 与植物叶片色素含量呈正相关，它们属于 Thermoleophilum、Conexibacter、Gaiella、Sphaerobacter 和 Bradyrhizobium 属；粉垄深耕处理组特有的 5 个 OTU(OTU_142、OTU_142、OTU_142、OTU_142、OTU_142)与植物生长性状呈显著正相关。LDA 分析结果表明，粉垄深耕处理增加了对植物生长性状有积极影响的 OTU 的相对丰度，降低了有消极影响的 OTU 的相对丰度。

图 1-3 基于 Radom 矩阵理论 (RMT) 的分子生态学网络 (MENs)

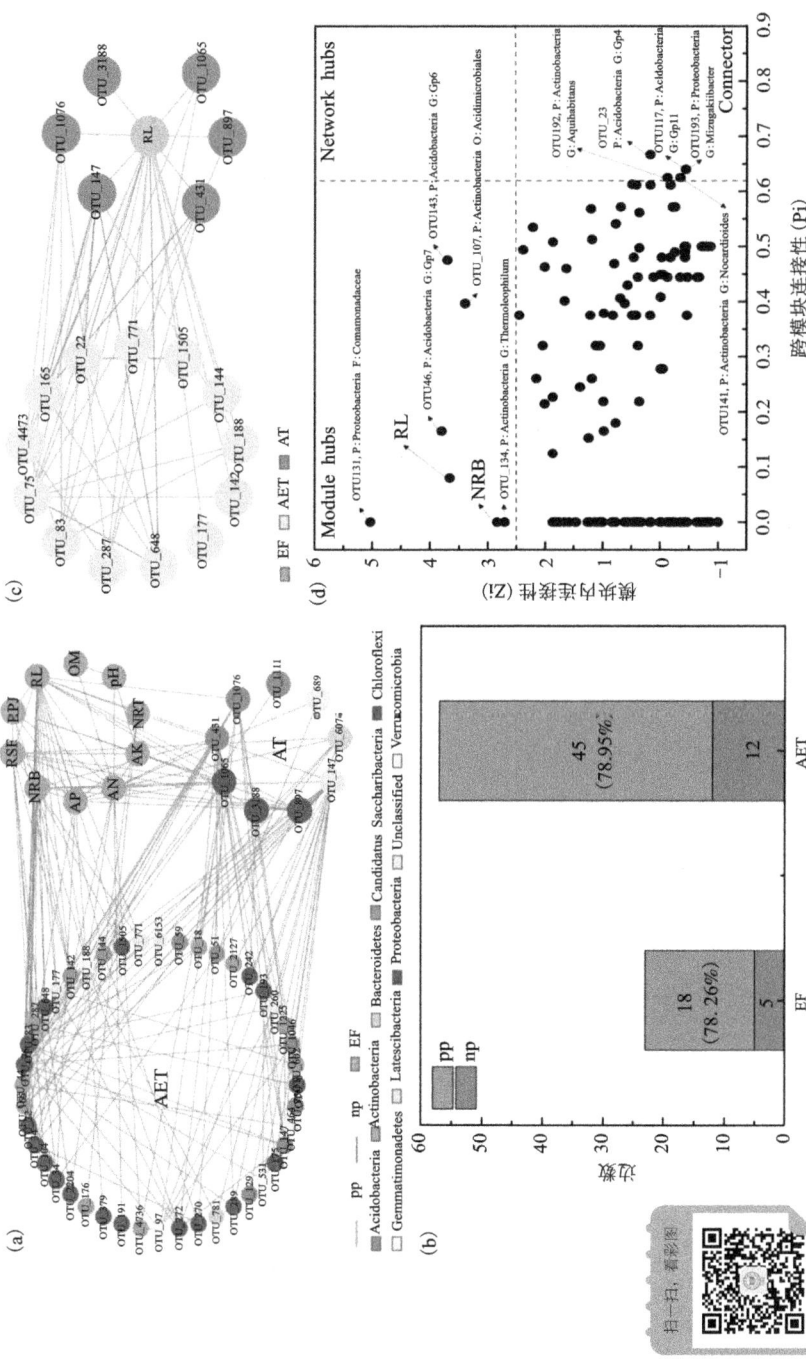

(a)连接到 AT 和 EF 的节点(OTU)。绿线表示节点之间的交互作用(OTU)为负，红线表示交互作用为正。(b)AT 连接到 EF 和 AET 的节点。AET 表示 4 种处理方法共享 OTU，AT 为深度耕作 OTU，EF 表示在处理中存在的特殊 OTU。pp 表示皮尔逊正相关。np 表示皮尔逊逆正相关。(c)连接到 RL 的节点(OTU)。(d)显示"关键"OTU 的子图。P 表示门，G 表示属。

表1-10　不同耕作处理组的烟草生长特征、病害感染率和色素含量等烟草性状

烟草性状		T1	T2	T3	CK
生长特征	株高/cm	120.18±3.70a	116.67±4.29a	110.53±2.09b	105.53±1.17c
	茎围/cm	9.87±0.33a	9.90±0.21a	9.30±0.14b	9.43±0.16b
疾病感染率/%	黑胫病	1.05±0.33c	2.03±0.46bc	2.67±0.76b	8.99±1.50a
	根腐病	0.57±0.51c	1.70±0.80bc	2.84±1.30a	8.51±1.34a
	青枯病	0.57±0.62b	0.57±0.51b	1.15±0.37b	9.18±2.15a
	空茎病	1.07±0.34b	1.07±0.48b	1.72±0.51b	3.44±0.63a
色素含量	新黄质素	72.74±11.04a	66.85±7.27a	64.52±7.18a	73.14±10.26a
	紫黄质素	33.70±9.74a	49.05±10.14a	40.19±11.63a	34.31±7.56a
	叶黄素	987.10±116.00a	952.70±115.20a	963.20±127.00a	906.80±125.30a
	叶绿素b	478.36±142.89a	444.33±81.91a	430.10±51.80a	461.69±69.71a
	叶绿素a	1357.60±485.30a	1419.00±261.50a	1302.90±144.50a	558.5±106.00b
	类胡萝卜素	130.97±19.80a	125.18±12.79a	125.21±10.11a	128.20±10.59a

注：数值用平均值±方差（$n=6$）表示，结果后不同的字母表示单因素方差分析有显著性差异（Turkey检验，$P<0.05$）。

1.2.3　小结

①粉垄显著改变了根际土壤的理化特性和烟株根系性状，改善了长期常规浅耕导致的土壤退化状况，提高了土壤的肥力和养分利用率，促进了烟草的生长。

②粉垄显著改变了根际土壤细菌群落结构。LRT分析表明稀有物种的更替和丰富物种的丰度变化改变了根际土壤细菌群落组成。Mantel检验，分析表明，根际环境包括土壤性质和根系结构特征在内的变化特别是RL、NRT、RPA、pH、AK的变化导致了粉垄处理组根际细菌群落的变化。

③粉垄处理显著降低了烟草病害发病率，提高了烟株高度、茎围和叶片色素含量等生长性状指标。LDA分析结果表明，粉垄深耕处理增加了对植物生长性状

有积极影响的 *Aeromicrobium*、*Aquabacterium*、*Aquihabitans*、*Gemmatimonas*、*Hydrogenophaga*、*Gp*3、*Gp*6、*Kofleria*、*Mizugakiibacter*、Saccharibacteria_genera_incertae_sedis 和 *Streptomyces* 属 OTU 的相对丰度,降低了有消极影响的 OTU 的相对丰度。

1.3　粉垄提升烟叶品质的代谢组学研究

1.3.1　材料与方法

(1)烟叶样品采集

试验基地位于中国湖南省花垣县,为一个连续 30 年采用传统旋转耕作方式的试验田,近 5 年该试验田存在烟叶品质降低的现象。试验包括粉垄 50 cm(T1)、粉垄 40 cm(T2)、粉垄 30 cm(T3)、常规旋转耕作 20 cm(CK)4 个处理组,每个处理组含 3 个平行试样。按试验设计进行耕作后,以 16650 株/hm² 的密度将烟苗移植到试验田,采用相同的农业管理方法和施肥制度进行田间管理。烟草生长成熟阶段是烟草质量形成的关键时期,此时土壤细菌群落发挥重要作用。采集不同处理组的烟草根际土壤样品和烟草中叶(第 10 叶)样品。对新鲜烟叶样品进行冷冻干燥处理,并研磨成粉后保存于−80 ℃条件下待测。粉垄共 4 个处理组 24 个烟叶样品,包括代谢组学样品的采集和样品制备。

(2)代谢组学检测

代谢组学检测方法包括植物色素检测、脂质检测、直接进样 GC-MS、非靶向 GC-MS 和非靶向 LC-MS 共 5 种方法。

1.3.2　结果与分析

对粉垄 T1 组烟草代谢产物的变化进行分析,与对照组相比筛选出差异代谢产物 13 个,对差异代谢产物进行代谢通路富集。对 T1 组影响较大的代谢通路有柠檬酸循环(TCA 循环),苯丙氨酸、酪氨酸和色氨酸的生物合成,乙醛酸、二羧酸代谢和亚麻酸代谢等(图 1-4)。

对粉垄 T2 组烟草代谢产物的变化进行分析,与对照组相比筛选出差异代谢产物 16 个,对差异代谢产物进行代谢通路富集。对粉垄 T2 组影响较大的代谢通路有柠檬酸循环(TCA 循环),氨酰基-tRNA 生物合成,苯丙氨酸、酪氨酸和色氨酸的生物合成,乙醛酸和二羧酸代谢和亚麻酸代谢等(图 1-5)。

对粉垄 T3 组烟草代谢产物的变化进行分析,与对照组相比筛选出差异代谢产物 25 个,对差异代谢产物进行代谢通路富集,粉垄 T3 组影响较大的代谢通路有苯丙氨酸、酪氨酸和色氨酸的生物合成，亚麻酸、丙酮酸、酪氨酸代谢等（图1-6）。

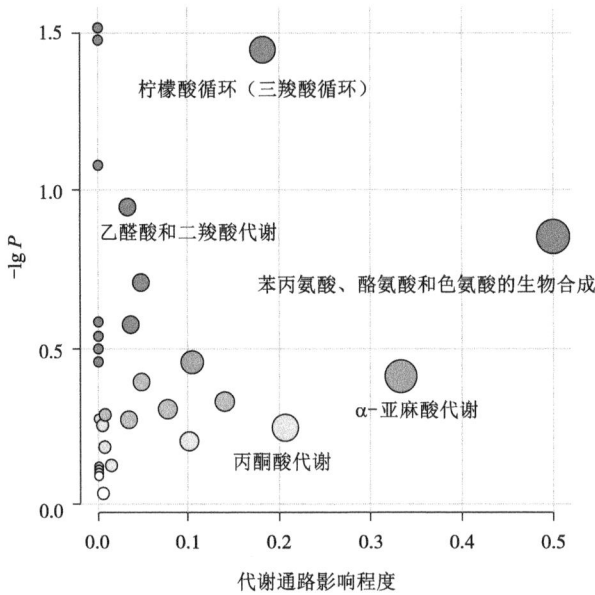

图1-4 粉垄 T1 组烟草代谢通路变化分析

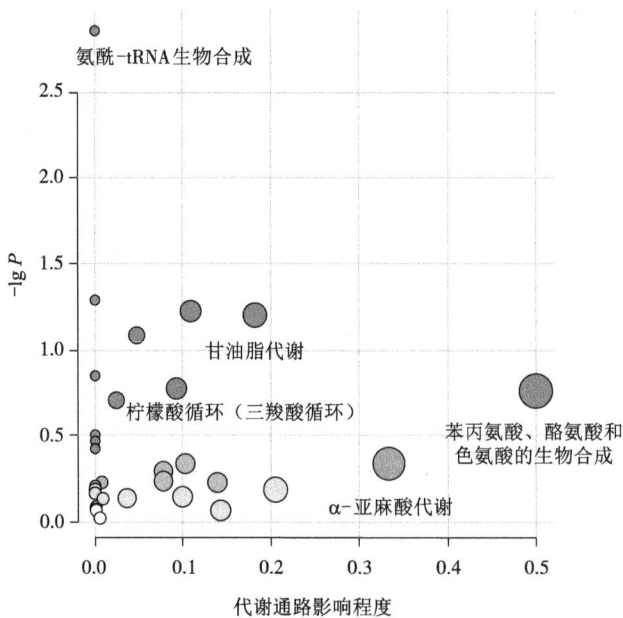

图1-5 粉垄 T2 组烟草代谢通路变化分析

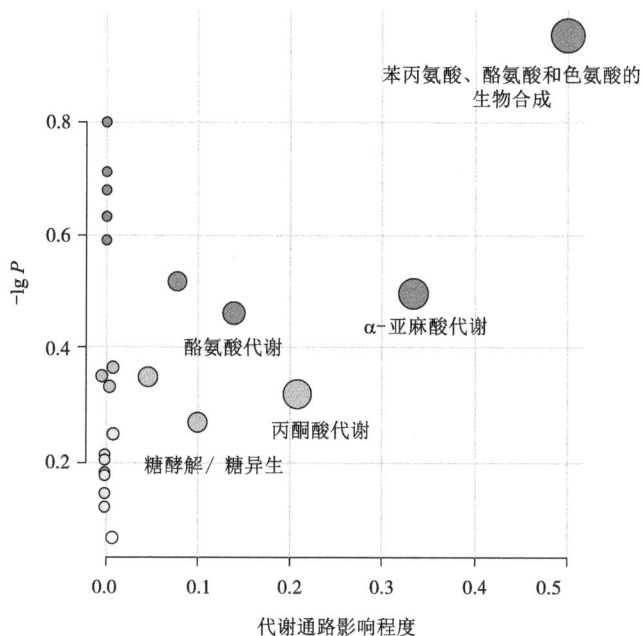

图 1-6　粉垄 T3 组烟草代谢通路变化分析

1.3.3　小结

①粉垄显著影响了烟叶中的代谢通路，即柠檬酸循环（TCA 循环），苯丙氨酸、酪氨酸和色氨酸的生物合成，乙醛酸、二羧酸代谢和亚麻酸代谢。

②粉垄深度不同会对烟叶代谢过程产生不同的影响。粉垄深度为 40 cm 有利于氨酰基-tRNA 生物合成，而粉垄深度为 30 cm 对柠檬酸循环（TCA 循环）通路没有显著影响。

第 2 章 熏蒸处理提升烟叶品质的作用机理研究

熏蒸是提升烟叶品质的一种有效方法，常用熏蒸剂包括氯化钴和棉隆。熏蒸剂会影响土壤微生物多样性和群落，改变土壤中的养分含量，并可能对土壤肥力和农业系统的生产力产生潜在影响。氯化钴和棉隆熏蒸能抑制土壤微生物生长，减弱土壤的矿化作用，从而增加土壤矿质氮，在有机质、脲酶和蛋白酶活性方面也存在类似作用。

2.1 熏蒸处理对烟草农艺性状和光合色素的影响

以往对熏蒸处理提升烟叶品质的研究主要集中在土壤微生态和作物产量上，未深入探究熏蒸处理对提升烟叶品质、促进植物生长的作用机理。本章旨在探究熏蒸处理对烟草土壤理化特性、根际土壤细菌群落、植物生理特性的影响，揭示其提升烟叶品质的反应机制，阐明土壤-微生物-烟草之间的相互作用，以更好地指导烟草农业生产。

2.1.1 材料与方法

（1）试验设计

田间试验均在中国湘西（东经 109°27′5″，北纬 28°24′57″）的花垣农业科技园进行。本试验分为 18 个等面积小区（3 个处理组×6 个重复样本），耕地和起垄在小区划分之前统一进行。熏蒸处理在 2019 年 4 月烟草幼苗移栽前进行，3 个熏蒸处理组包括氯化钴（CP）、棉隆（DZ）和未处理对照（CK）组。熏蒸剂 CP（纯度99.5%）和 DZ（纯度 98.5%）均来自中国浙江海正化工有限公司。两种土壤类型的 CP 和 DZ 施用量分别为 50 mg/kg 和 80 mg/kg，每个小区种植 168 株烟草幼苗。于 2019 年 8 月进行了根际土壤取样、植物取样和植物生理调查，根际土壤取样过程：拔出整株植物，抖落根部松散土壤后，使用根刷收集根际土壤。

（2）测定项目及方法

农艺性状测定：同第 1 章第 1.1 节。

光敏色素分析：用 25 mL 浓度为 90% 的丙酮溶液从 0.2 g 液氮处理后的烟草叶料中提取光敏色素。提取光敏色素时，将丙酮溶液中的叶料在冰浴中超声粉碎 20 min，用 0.45 μm 滤膜过滤。滤液用高效液相色谱法测定光敏色素含量。HPLC 色谱柱为 Waters Nova-Pak-C18（色谱柱内径×色谱柱长度 = 3.9 mm× 150 mm，色谱柱填料粒径为 4 μm）。分析条件：温度为 30 ℃，流速为 0.5 mL/min。以丙酮为流动相 A，80% 的乙腈水（体积分数）溶液为流动相 B。

（3）数据处理

使用 Microsoft Office 2017 和 IBM Statistics SPSS 24.0 进行数据统计分析，使用 R 软件上的 aov 和 TukeyHSD 包进行方差分析（ANOVA）和 T-检验，以确定组间是否存在显著差异，P 值小于 0.05 表示存在显著差异。

2.1.2 结果与分析

熏蒸处理后烟草株高、叶长、叶面积及叶片数显著增加（表 2-1）。所有光合色素中叶绿素 a 含量最高，其次是叶黄素、叶绿素 b、类胡萝卜素、新黄质素、紫黄质素（图 2-1）。CP 和 DZ 熏蒸组叶绿素 a 含量均与对照组 CK 呈现显著差异。另外，新黄质素只在 DZ 熏蒸组中存在显著差异，而在 CP 熏蒸组中无差异。其他多种光合色素在处理组间均无显著差异。因此，熏蒸处理主要通过提高烟草叶绿素 a 的合成来提高烟叶的光合速率，从而促进烟草生长。

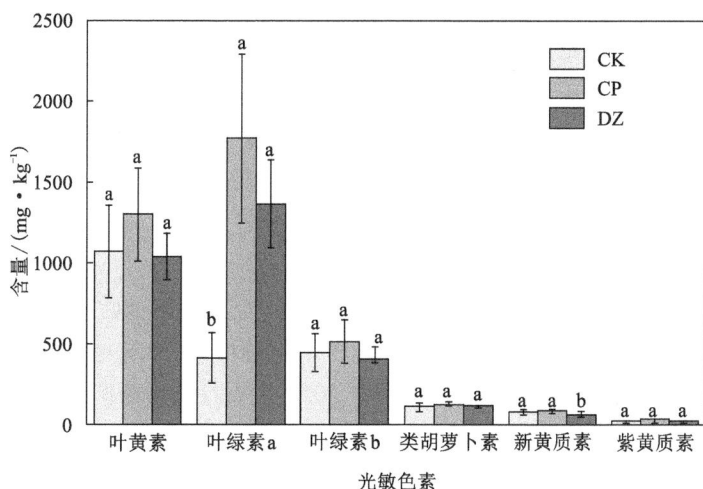

图柱上方不同字母表示显著性差异（$P<0.05$）。

图 2-1 烟草叶片植物光敏色素含量

表 2-1 烟草农艺性状

处理组	株高/cm	茎围/cm	叶长/cm	叶宽/cm	叶面积/cm²	叶片数/片
CK	73.13±2.81b	8.15±0.14a	63.67±3.28c	26.98±0.50b	1024.4±113.10c	14.30±0.80b
CP	97.57±4.66a	7.93±0.33a	75.97±3.70a	28.92±1.49a	1396.15±120.66a	17.40±0.35a
DZ	96.2±6.62a	8.25±0.64a	71.18±2.84b	26.57±1.39b	1204.20±97.87b	17.13±1.30a

2.1.3 小结

①熏蒸处理后烟株叶片光合色素中叶绿素 a 含量显著增加，有利于提高烟叶的光合速率，促进烟草生长。

②熏蒸处理通过改变具有驱动养分转化、影响植物健康和调节植物生长功能的微生物群落，间接促进植物生长。

2.2 熏蒸对根际土壤微生物群落结构的影响

土壤微生态环境是影响烟叶品质的关键因素，对维持土壤健康具有重要意义。研究表明土壤微生物的组成、多样性和功能受到连作制度的影响。土壤微生物多样性可以介导多个生化反应过程，包括植物养分的循环、土壤结构的维持和农用化学品的降解等。连作土壤微生物群落多样性下降和优势硝化细菌富集会导致氮肥（即尿素）利用率降低，这表明微生物群落多样性、组成和功能的变化与烟叶品质密切相关。因此，改善土壤微生态环境是提升烟叶品质的重要途径。

2.2.1 材料与方法

（1）试验设计

本次田间试验均在中国湘西（东经 109°27′5″，北纬 28°24′57″）的花垣农业科技园进行。本试验分为 18 个等面积小区（3 个处理组×6 个重复样本），耕地和起垄在小区划分之前统一进行。熏蒸处理在 2019 年 4 月烟草幼苗移栽前进行，3 个熏蒸处理组包括氯化钴（CP）、棉隆（DZ）和未处理对照（CK）组。熏蒸剂 CP（纯度 99.5%）和 DZ（纯度 98.5%）均来自中国浙江海正化工有限公司。两种土壤类型的 CP 和 DZ 施用量分别为 50 mg/kg 和 80 mg/kg，每个小区种植 168 株烟草幼苗。于 2019 年 8 月进行了根际土壤取样、植物取样和植物生理调查，根际土壤取样过程：拔出整株植物，抖落根部松散土壤后，使用根刷收集根际土壤。

（2）测定项目及方法

①土壤理化特性。

土壤样品过筛后送至中国科学院南京地理与湖泊研究所进行 pH、有机质、总氮、铵态氮、硝态氮、速效钾和有效磷含量的测定。当土壤与水的质量比为 1 : 5 时，测量土壤 pH。使用连续流动自动分析仪（Futura continuous flow analytics system，法国 Alliance Instruments 公司）测定每份样本中的矿物氮含量。铵态氮和硝态氮通过物质的量浓度为 2 mol/L 的 KCl 提取，并使用连续流动自动分析仪测定。

通过室内土壤培养实验测定土壤潜在硝化速率（PNR）。加入 1% $(NH_4)_2SO_4$ 的土壤样品在 25 ℃条件下培养 7 d，培养前后测定硝态氮含量，并根据硝酸盐含量变化计算 PNR。

②DNA 提取、测序及 qPCR。

使用 MoBio Powersoil DNA Isolation Kit for Soil（MP Biomedicals，Santa Ana，CA）与 0.5 g 液氮处理土壤样品，根据产品说明书提取土壤总 DNA。利用引物对 341F（5'-CCTACGGGNGGCWGCAG3'）和 805R（5'-GACTACHVGGGTATCTAATCC-3'）扩增 16S rDNA 的 V3~V4 区。运用 BioRad S1000（Bio-Rad Laboratory，CA，USA）对 PCR 扩增，PCR 反应体系为 25 μL 2× Premix Taq（Takara Biotechnology，Dalian Co. Ltd，China），引物（10 μmol/L）各 1 μL，DNA 模板（20 ng/μL）3 μL，总体积为 50 μL。PCR 过程设定为：94 ℃预变性 5 min；94 °C 变性 30 s，52℃ 退火 30 s，72°C 延伸 30 s，共循环 30 次；在 72 °C 下最终延伸 10 min。

PCR 产物的长度和浓度用 1% 的琼脂糖凝胶电泳检测，根据 GeneTools Analysis Software（Version 4.03.05.0，SynGene）测定并等量混合。混合后的 PCR 产物用 E. Z. N. A. 凝胶萃取试剂盒（Omega，USA）纯化。

根据产品说明书，使用 Illumina ®（New England Biolabs，MA，USA）的 NEBNext ® Ultra™ Ⅱ DNA Library Prep Kit 生成测序库。使用 Qubit@ 2.0 荧光仪（Thermo Fisher Scientific，MA，USA）对文库质量进行评估。最后在 Illumina Nova6000 平台上测序，获得 250 bp 的双端 reads。

用实时定量 PCR 技术分析 AOA amoA 和 AOB amoA 基因的丰度。使用引物对 amoA-1F（5'-GGGG · TTT CTA CTG · GTG GT-3'）和 amoA-2R（5'-CCCC TCK GSA AAGCCTTCTTC-3'）扩增 AOB amoA 基因，使用引物对 arch-amoA-23F（5'-ATG GTC TGG CTW AGACG-3）和 arch-amoA-616 r（5'-GCC ATC CAT CTG TAT GTCCA-3）扩增 AOA amoA 基因。qPCR 混合物含有 2.5 ng 纯化的 DNA 模板、每种引物 150 nmol、5 μL 2× SYBR Premix Ex TaqTM（Takara Japan）。amoA 基因定量采用两步法：95 ℃变性 30 s，55 ℃退火 5 s，64 ℃延伸 30 s，循环 40 次。扩增后，绘制熔解曲线，以检查产物大小和熔解温度 T_M 值，对每个样本进行 3 次技术重复。

③数据分析与统计分析。

由广东美格生物科技有限公司对提取的 DNA 测序，并提供 Fastq 格式的下机序列文件用于进一步分析。原始数据在美国俄克拉荷马大学环境基因组学研究所开发的 Galaxy 平台上（http：//zhoulab5.rccc.ou.edu：8080/root）进行处理，生成 OTU 表和代表性序列。简要流程为：用 Flash（1.0 版）[205]，基于 10~200 bp 的左、右 reads 的重叠区进行拼接，使用 Btrim（version 1.0）[206]去除质量较低（QC 评分<20，长度<250 bp）的序列，并且去除含有"N"碱基的序列，只保留长度为 400~440 的序列。最后，使用 UPARSE（version usearv7.01001_i86linux64）[207]删除嵌合体，将同源性97%的序列分配到相同的 OTU，并删除没有相似序列的单一序列（singletons）。每个样本的序列数在 33953 个至 45904 个之间，因此我们通过随机选择序列将所有样本重抽样至 33953 个，所有下游分析都使用重抽样构建的 OTU 表进行。利用 RDP 分类器（http：//rdp.cme.msu.edu/classifier/classifier.jsp）将代表性序列比对到 16S rRNA 数据库进行 OTU 分类。所有原始数据均提交至 NCBI SRA 数据库，Bioproject 登录号为 PRJNA687637。

在 R 软件（版本 4.0.3）采用 vegan 包（版本 2.5-7）进行细菌群落多样性指数计算和 β 多样性分析。采用 LDA effect size 分析（LEfSe）确定各处理组间的显著差异类群。使用 R 软件上的 aov 和 TukeyHSD 包进行方差分析（ANOVA）和 T-检验，以确定组间是否存在显著差异，P 值小于 0.05 为显著性差异。采用 corrplot 包进行 Pearson 相关性分析。

2.2.2 结果与分析

（1）对根际土壤理化特性的影响

与对照 CK 组土壤相比，熏蒸处理后土壤 pH 显著升高（$P<0.05$），速效钾和有效磷含量显著增加，土壤养分有效性显著增强。经氯化钴（CP）和棉隆（DZ）熏蒸处理后的土壤中的铵态氮含量显著增加，分别是 CK 对照组的 1.75 倍和1.63 倍。相反，熏蒸处理后的土壤中的硝态氮含量都显著低于 CK 对照组，同时土壤潜在硝化速率大大降低。连作土壤的氮素主要以铵态氮的形式被作物利用[94]，因此熏蒸后的土壤氮肥利用率增加，更有利于烟草生长。

（2）对根际土壤细菌群落结构的影响

通过采用 16S rRNA 基因高通量测序技术研究根际土壤细菌群落的多样性和组成，共获得 721855 个高质量序列，可归于 3692 个细菌 OTU。稀释曲线表明，序列数据足以合理评估土壤样品中的细菌种类。结果表明，CP 和 DZ 熏蒸处理后土壤 OTU 数目显著降低，细菌多样性下降（图 2-2）。NMDS 分析和 PCoA 分析显示，CP 和 DZ 组样本与 CK 组样本明显分离，表明熏蒸处理对整个微生物群落都有显著影响。

(a)

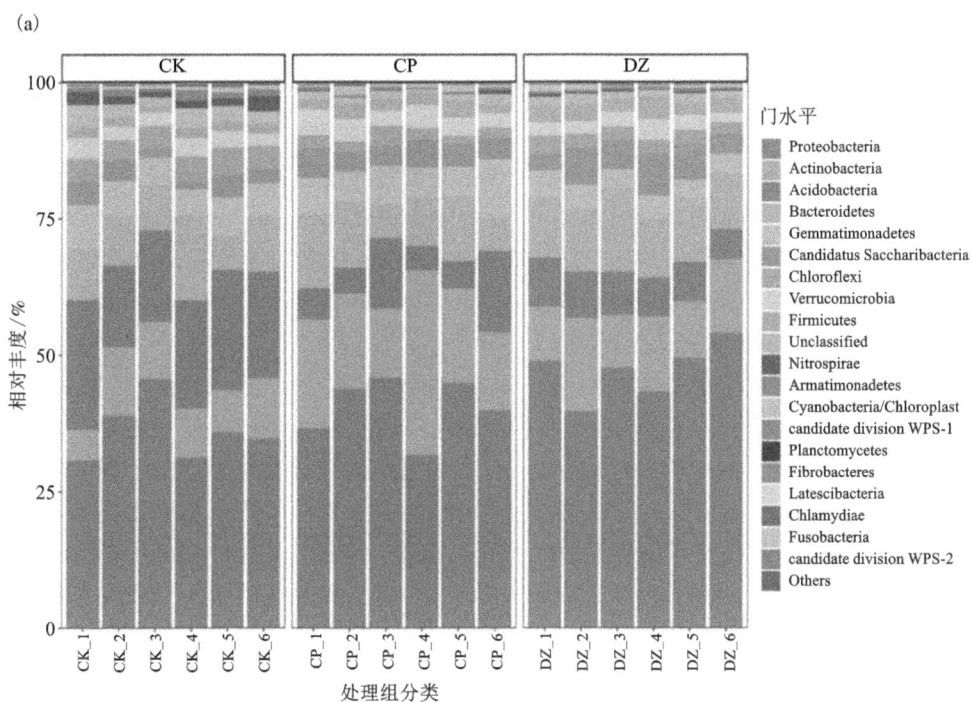

(b)

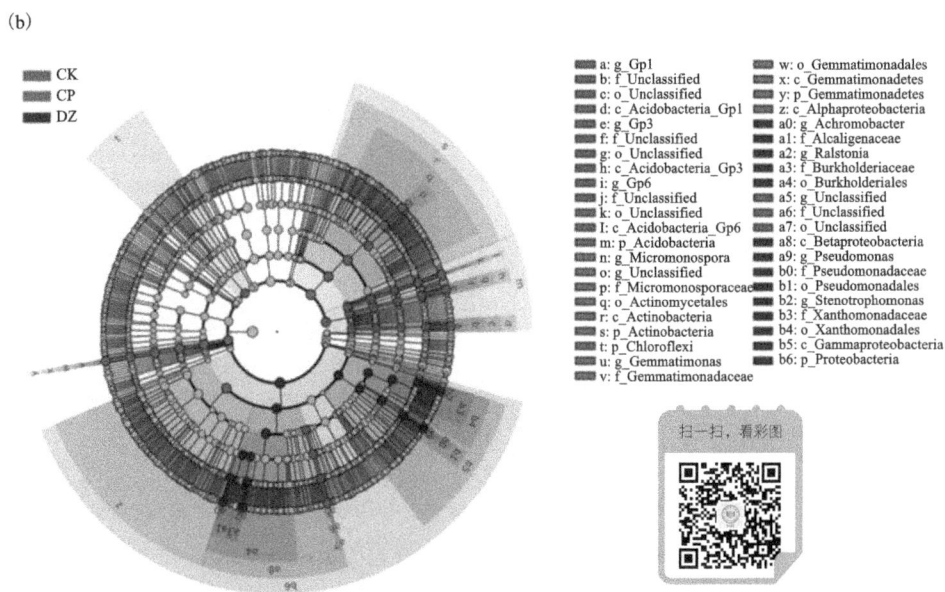

（a）不同样品在门水平上的相对丰度。（b）LEfSe 分析，阈值：LDA>4.0。

图 2-2　熏蒸处理后根际土壤细菌群落组成

不同熏蒸处理组根际土壤细菌群落结构在门水平上存在明显差异。DZ 和 CP 组中 *Actinobacteria*、*Proteobacteria*、*Firmicutes*、*Streptomyces* 的相对丰度均高于 CK 组。CP 组中 *Blastomonas* 和 *Verruca* 的相对丰度显著高于其他组。而 *Bacteroideae* 在 DZ 组中的相对丰度显著高于其他组。与 DZ 和 CP 组熏蒸处理相比，CK 对照组中的 *Acidobacteria*、*Aspergillus*、*Nitrospirae* 的相对丰度显著提高。LefSe 分析结果表明熏蒸处理后细菌群落组成存在显著变化。进一步分析发现 CP 组熏蒸处理后 *Micromonospora*、*Saccharibacteria* 和 *Rhizomicrobium* 的相对丰度显著增加，而 DZ 组熏蒸处理后 *Achromobacter*、*Ralstonia*、*Micromonospora*、*Stenotrophomonas* 和 *Pseudomonas* 的相对丰度显著提高。

分析典型硝化细菌在不同熏蒸处理组的相对丰度变化(图 2-3)，结果表明，熏蒸处理后主要硝化细菌 *Nitrospira* 和 *Nitrospirillum* 的相对丰度显著减少。尽管熏蒸处理后 *Nitrolancea* 和 *Nitrosomonas* 丰度的消减规律存在明显不同，但二者丰度极低，对硝化细菌总体丰度变化影响不大。因此，熏蒸处理后根际土壤典型硝化细菌的总相对丰度显著降低，导致土壤硝化潜力降低、硝化作用减弱。为了获得土壤中硝化细菌的绝对丰度，本研究对细菌 AOB 和古细菌 AOA amoA 基因进行了 qPCR 分析。结果表明 AOA amoA 拷贝数($6.41 \times 10^8 \sim 9.48 \times 10^8$ 个/g)高于 AOB amoA 拷贝数，但 AOA amoA 拷贝数在各处理组之间没有表现出显著差异，而 AOB amoA 拷贝数在 DZ 和 CP 组熏蒸处理后呈现显著下降的趋势，分别减少至 CK 对照组的 15% 和 18%。由此可知，本章研究的熏蒸抑制土壤的硝化作用可能由氨氧化细菌 AOB 主导。

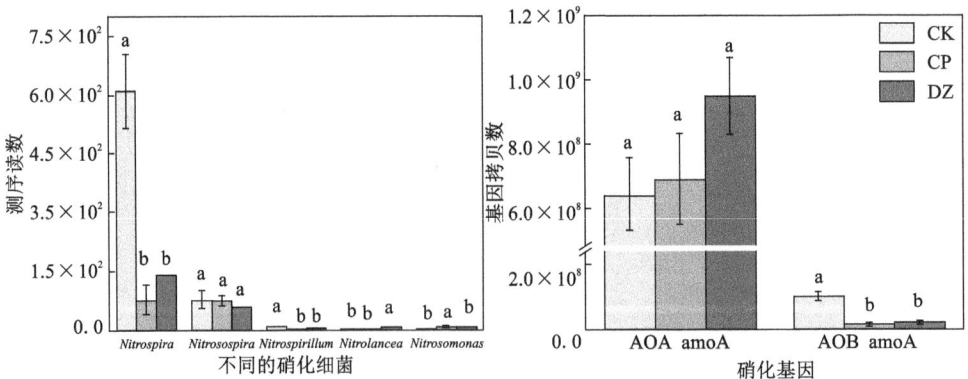

图 2-3　熏蒸处理后硝化细菌与硝化基因 amoA 的变化

(3)对根际土壤氨氧化细菌 AOB 和硝化作用的影响

熏蒸处理后土壤中氨氧化细菌 AOB 减少，可能抑制了土壤硝化作用中铵态氮向硝态氮的转化，导致铵态氮大量积累，烟草可利用氮肥含量增加。为了确定熏蒸处理抑制硝化作用的主要驱动力是否来自氨氧化细菌 AOB，进一步明确各项指标之间的内在关联，采用 Pearson 相关分析方法探讨土壤理化特性(铵态氮、硝态氮、硝化潜力)、氨氧化细菌 AOB amoA 与烟叶特征(叶面积、叶绿素 a、叶绿素 b)的正负相关性(图 2-4)。由图 2-4 可知，多项指标之间表现出显著的正相关或负相关。其中，AOB amoA 基因丰度与土壤硝化潜力 PNF 呈显著正相关，证明熏蒸处理后氨氧化细菌 AOB 减少是土壤硝化作用降低的原因。土壤硝化潜力 PNF 与硝态氮含量呈显著正相关、与铵态氮呈显著负相关，说明硝化作用是土壤铵态氮积累的重要原因。铵态氮含量与叶绿素 a 含量和烟叶面积呈显著正相关，说明土壤铵态氮积累可以提升烟叶的光合作用，进而促进烟叶生长。综上所述，熏蒸处理后氨氧化细菌 AOB 减少，降低了土壤硝化作用，从而导致铵态氮积累，并加强了烟叶的光合作用，促进了烟叶生长。

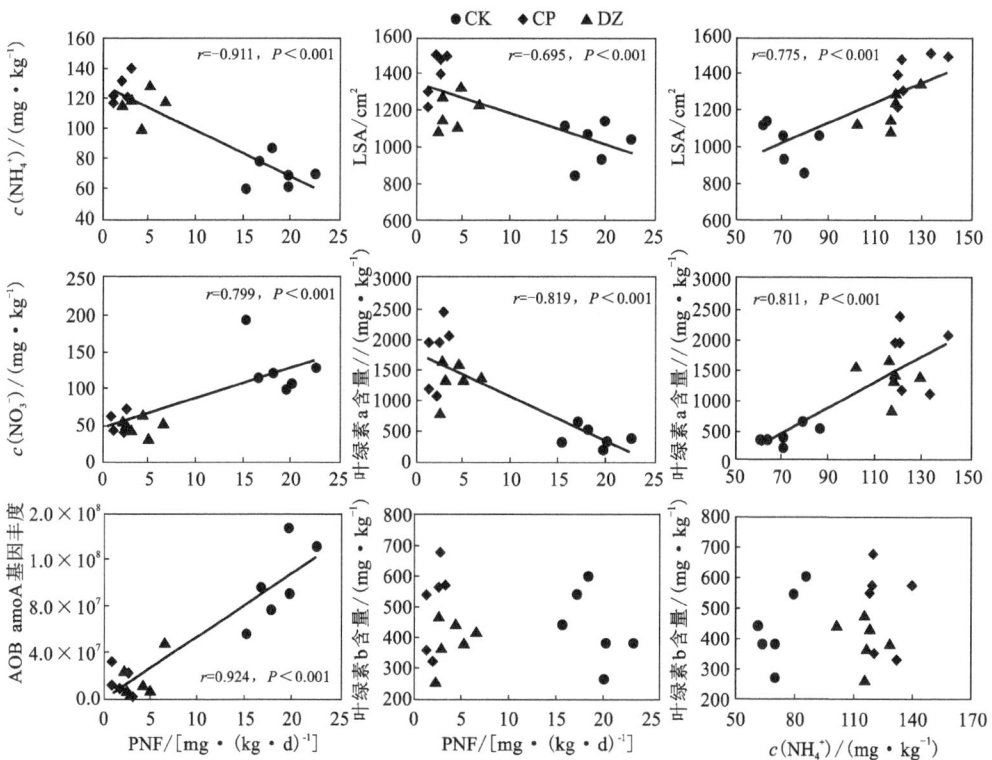

图 2-4　土壤理化性质、氨氧化细菌 AOB amoA 与烟叶特性的相关关系

2.2.3　小结

①熏蒸处理后根际土壤微生物群落的多样性显著降低，群落结构发生显著变化，*Actinobacteria*、*Proteobacteria*、*Firmicutes*、*Streptomyces* 相对丰度增加，典型硝化细菌 *Nitrospira* 和 *Nitrospirillum* 相对丰度显著减少，从而抑制了土壤硝化作用，有利于提升烟田烟叶品质。

②熏蒸处理后根际土壤 pH、铵态氮、有效磷和速效钾含量显著升高，土壤养分有效性增加；根际土壤潜在硝化速率显著降低，根际土壤氮肥利用率增加。

③Pearson 相关分析表明 AOB amoA 基因丰度与土壤硝化潜力（PNF）呈显著正相关，土壤硝化潜力（PNF）与硝态氮含量呈显著正相关、与铵态氮含量呈显著负相关，铵态氮含量与叶绿素 a 含量和烟叶面积呈显著正相关。研究进一步发现熏蒸处理后氨氧化细菌 AOB 减少，降低了土壤硝化作用，从而导致铵态氮积累，并加强了烟叶的光合作用，促进了烟叶生长。

2.3　熏蒸处理对烟叶品质的影响

以往熏蒸处理提升烟叶品质的研究主要集中在土壤微生态和作物产量上，但未深入探究熏蒸处理提升烟叶品质、促进植物生长的作用机理。本章旨在探究熏蒸处理对烟叶品质土壤理化特性、根际土壤细菌群落、植物生理特性的影响，揭示其提升烟叶品质的反应机制，阐明土壤-微生物-烟草之间的相互作用，以更好地指导烟草农业生产。

2.3.1　材料与方法

（1）烟叶样品采集

田间试验均在中国湘西（东经 109°27′5″，北纬 28°24′57″）的花垣农业科技园进行。本试验分为 18 个等面积小区（3 个处理×6 个重复），耕地和起垄是小区划分之前统一进行。熏蒸处理在 2019 年 4 月烟草幼苗移栽前进行，三个熏蒸处理组包括氯化钴组（CP）、棉隆组（DZ）和未处理对照组（CK）。熏蒸剂 CP（纯度 99.5%）和 DZ（纯度 98.5%）均来自中国浙江海正化工有限公司。两种土壤类型的 CP 和 DZ 施用量分别为 50 mg/kg 和 80 mg/kg，每个小区种植 168 株烟草幼苗。于 2019 年 8 月进行了根际土壤取样、植物取样和植物生理调查，根际土壤取样过程为首先拔出整株植物，抖落根部松散土壤后，使用根刷处理后收集根际土壤。

（2）代谢组学检测

代谢组学检测方法包括植物色素法、脂质检测法、直接进样 GC-MS 法、非靶向 GC-MS 法和非靶向 LC-MS 法共 5 种方法。

2.3.2　结果与分析

对棉隆处理后的烟草代谢产物的变化进行分析，与对照组相比筛选出差异代谢产物 77 个，对差异代谢产物进行了代谢通路富集，棉隆处理后受影响较大的代谢通路有氨酰基-tRNA 的生物合成、柠檬酸盐循环（TCA 循环）、乙醛酸和二羧酸的代谢，以及甘氨酸、丝氨酸和苏氨酸的代谢等（图 2-5）。

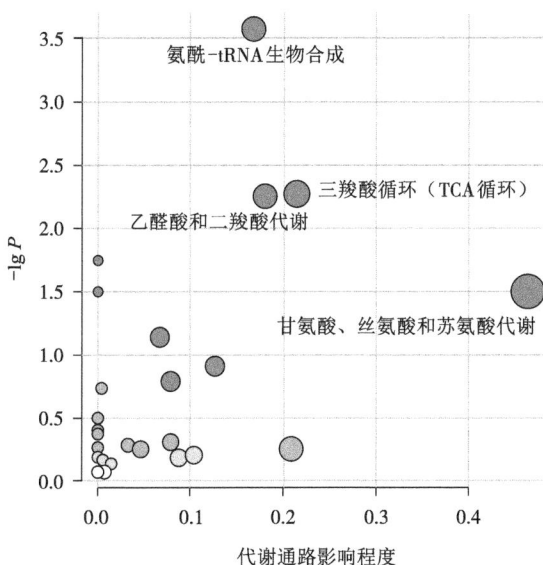

图 2-5　棉隆处理后烟草代谢通路变化分析

对氯化钴处理后烟草代谢产物的变化进行分析，与对照组相比筛选出差异代谢产物 126 个，对差异代谢产物进行代谢通路富集，经氯化钴处理后受影响较大的代谢通路有氨酰基-tRNA 的生物合成，柠檬酸盐循环（TCA 循环），乙醛酸和二羧酸的代谢，甘氨酸、丝氨酸和苏氨酸的代谢，苯丙氨酸、酪氨酸和色氨酸的生物合成等（图 2-6）。

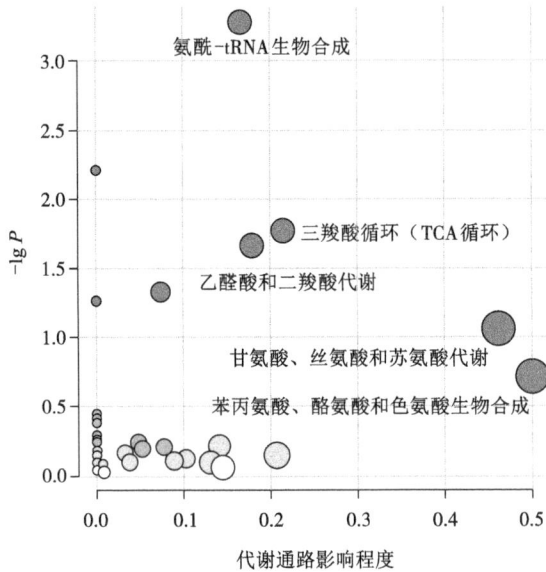

图 2-6　氯化钴处理后烟草代谢通路变化分析

2.3.3　小结

①熏蒸处理显著影响了烟叶代谢通路氨酰基-tRNA 的生物合成、柠檬酸盐循环(TCA 循环)、乙醛酸和二羧酸的代谢，以及甘氨酸、丝氨酸和苏氨酸的代谢。

②不同的熏蒸药剂会对烟叶代谢通路产生不同的影响，其中氯化钴处理还会影响苯丙氨酸、酪氨酸和色氨酸的生物合成过程。

第 3 章　微生物菌剂提升烟叶品质的机理研究

为缓解长期连作给农业生产带来的不利影响，在实际生产中常通过采取一系列措施来提高土壤质量和调节土壤微生物群落，主要包括物理、化学和生物方法，如间作、轮作、套种栽培、有益微生物如 PGPB（plant growth promoting bacteria）的应用、熏蒸处理等。间作、轮作和套种栽培受气候、地理条件、经济作物类型、作物经济效益等因素限制，相关产业的经济价值也限制了这些措施的推广应用。熏蒸处理是一种能消除经济作物长期连作不利影响的有效措施。熏蒸剂包括生物熏蒸剂和化学熏蒸剂，土壤中施用熏蒸剂后，会形成能有效控制土壤病原微生物生长繁殖的气体，有助于经济作物的生长。土壤熏蒸剂用于许多高价值作物，能有效控制各种病原物（包括线虫、真菌、细菌、昆虫和杂草）的危害。尽管熏蒸处理是改善连续作物不良影响的有效途径，但是熏蒸剂会对人体健康产生不利影响，使其推广受到严格限制。

微生物群落是影响烟叶品质的主要因素之一，随着高通量测序和高通量分离等（微）生物技术的迅速发展，研究者着力开发有益微生物菌剂解决烟叶品质差的问题。微生物菌剂也是抑制植物病害和促进植物生长的有效方法。然而，在菌剂施用过程中地下微生态系统和地上植物之间的内在、复杂联系等尚不清楚。

3.1　微生物菌剂对烟草生长的影响

本章研究微生物菌剂提升烟叶品质的机理及对烟草生长的影响。采用高通量测序技术研究不同处理组烟田的根际细菌群落结构及其与烟草生长性状、叶片光合色素合成的关系，构建细菌群落与烟草生长之间的紧密联系，结果表明根际细菌群落结构可有效调控植物的光合色素合成，并促进植物生长。而微生物菌剂通过调节土壤细菌群落可间接提升烟叶品质，为烟叶品质提升新技术的开发提供了理论支持。

3.1.1 材料与方法

（1）试验设计

所有田间试验均在中国湘西花垣农业科技园（东经 109°27′5″，北纬 28°24′57″）进行。以湘西州花垣试验基地烟叶品质差的土壤和鲜烟叶样品为试验材料，筛选出多种对烟草病原微生物（青枯菌、根黑腐病和病原真菌）有拮抗作用的有益微生物，从而获得一系列有益的细菌和真菌。2019 年选用 2 种微生物功能菌剂配方（表 3-1）在湘西州花垣试验基地进行烟叶品质生物菌剂防治试验。将试验田均匀地划分为 18 个样地（3 个处理组×6 个重复样本），每个小区种植 168 株幼苗。3 个处理组包括两种微生物菌剂处理组（AG_1 和 AG_2，由中国科学院微生物研究所叶健教授提供）和对照组（CK_AG），在烟苗移植时施用微生物菌剂。2019 年 8 月开展了烟草常见病害发病率调查、根际土壤取样、植物取样和植物生长特性调查。

表 3-1　微生物功能菌剂配方

处理组	菌株	菌株代号	配方
AG_1	1 种噬几丁质菌	Ae27	助溶剂+干燥菌剂 24 g
AG_2	4 种芽孢杆菌	NMB1+NMB3+NMB4	助溶剂+干燥菌剂 24 g（三种菌株质量比为 1.2∶1.5∶1.5）

（2）测定项目与方法

①光合色素分析。

称取 0.2 g 样品于 50 mL 三角瓶中，加入 25 mL 萃取剂（浓度为 90%的丙酮溶液），冰浴超声萃取 20 min，取适量萃取液经 0.45 μm 微膜过滤器过滤。将滤液装入 2 mL 棕色色谱瓶，进行 HPLC 分析。

HPLC 分析条件为：色谱柱：Waters Nova-Pak-C18（色谱柱内径×色谱柱长度=3.9 mm×150 mm，色谱柱填料粒径为 4 μm）；柱温：30 ℃；柱流速：0.5 mL/min；进样量：10 μL；流动相 A：异丙醇；流动相 B：80%乙腈的水溶液（体积分数）；平衡时间：6 min；梯度洗脱：条件如表 3-2 所示。

表 3-2　流动相的淋洗梯度

时间/min	流动相 B/%	流速/（mL·min^{-1}）
0	100	0.5
40	0	0.5

②数据处理。

使用 Microsoft Office 2017 和 IBM Statistics SPSS 24.0 进行数据分析统计,多重比较检验方法为 LSD 法。

3.1.2　结果与分析

微生物菌剂处理对烟草农艺性状(包括株高、茎围、叶长、叶宽、叶面积和叶片数,见表 3-3)没有显著影响;微生物菌剂 AG-1 和 AG-2 处理组烟草叶片内叶绿素 a 的含量显著提高,但其他光合色素的含量均无显著变化(图 3-1)。

表 3-3　微生物菌剂处理后烟株农艺性状

处理组	株高/cm	茎围/cm	叶长/cm	叶宽/cm	叶面积/cm²	叶片数/片
CK_AG	68.07± 10.27a	7.62± 0.90a	60.83± 2.03a	27.97± 2.06a	1103.6± 68.4a	14.4± 1.2a
AG-1	72.57± 11.07a	8.23± 0.64a	62.27± 2.90a	27.83± 1.14a	1071.5± 74.4a	14.9± 1.6a
AG-2	69.27± 8.94a	7.92± 0.43a	61.77± 1.79a	27.28± 1.40a	1090.5± 106.7a	15.2± 1.1a

注:叶长、叶宽、叶面积指最长叶的相关指标。结果为 6 个重复样品的平均值±标准差。结果后不同字母表示显著性差异($P<0.05$)。

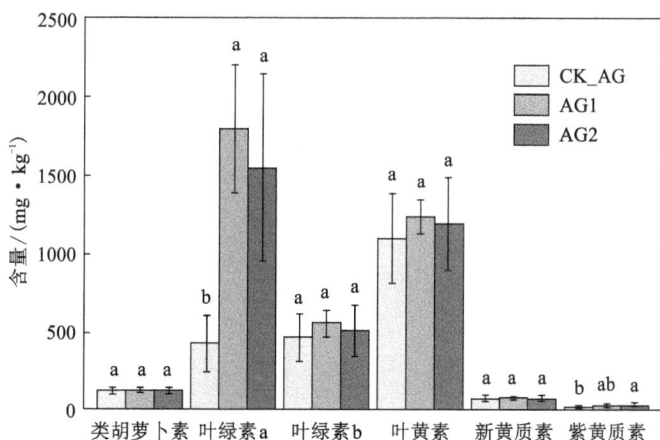

图柱上方不同字母表示显著性差异($P<0.05$)。

图 3-1　微生物菌剂处理后烟株光合色素含量

植物光合色素含量对作物产量和生理代谢至关重要，因为光合色素含量决定了光合速率，同时能调节作物的免疫系统。本研究采用高效液相色谱法测定了作物叶片光合色素含量，结果表明所有光合色素中叶绿素 a 含量最高，且使用微生物菌剂可显著提高叶绿素 a 含量。菌剂 AG-1 和 AG-2 处理组紫黄质素含量均显著提高。新黄质、叶黄素、叶绿素 b 和类胡萝卜素等光合色素在菌剂处理组间无显著差异。研究发现 PGPR(植物促生根际菌)能增加植物叶片叶绿素含量，加快作物光合速率，有效促进植物生长，提高植物免疫力，降低植物病害发生率，从而提升烟叶品质。

3.1.3　小结

①烟叶品质烟田经微生物菌剂处理后，烟叶叶绿素 a 含量显著提高，微生物菌剂促进了烟草生长，有利于提升烟田烟叶品质。

②菌剂能显著提高紫黄质素含量，新黄质素、叶黄素 a、叶绿素 b 和类胡萝卜素等光合色素在菌剂处理组间无显著差异。

3.2　微生物菌剂对根际土壤微生物群落结构的影响

微生物菌剂也是抑制植物病害和促进植物生长的有效方法。本章采用微生物菌剂处理根际土壤以实现提升烟叶品质的目的。采用高通量测序研究了采取不同处理措施的烟田中的根际细菌群落结构，并关联了烟草生长性状、叶片光合色素合成，构建了细菌群落与烟草生长之间的关系，结果表明根际细菌群落结构可有效调控植物的光合色素合成，并促进植物生长。而微生物菌剂通过调节土壤细菌群落，间接提升了烟草烟叶品质，为烟叶品质提升新技术的开发提供了理论支持。

3.2.1　材料与方法

(1)试验设计

同 3.1 节。

(2)测定项目与方法

①土壤理化参数测定。

将土壤样品风干过筛后送往中国科学院南京地理与湖泊研究所进行 pH 及有机质、全氮、铵态氮、硝态氮、速效钾和有效磷含量的测定。

②DNA 提取、PCR 扩增及测序。

称取 0.5 g 土壤样品，经液氮处理后，使用 FastDNA © Spin Kit for Soil (MP

Biomedicals，Santa Ana，CA)试剂盒按说明书要求提取土壤总 DNA。利用引物对 341F (5' – CCTACGGGNGGCWGCAG – 3') 和 806R (5' – GACTACHVGGGTATCT AATCC–3')扩增 16S rDNA 的 V3~V4 区，引物中添加长度为 12 bp 的条形码序列。使用 BioRad S1000 (Bio–Rad Laboratory，CA，USA)进行 PCR 扩增，PCR 反应体系为：25 μL 2× Premix Taq(Takara Biotechnology，Dalian Co. Ltd，China)，上下游引物(10 μmol/L)各 1 μL，3 μL DNA 模板(20 ng/μL)，最终体积为 50 μL。PCR 过程设定为：94 ℃预变性 5 min；94 ℃ 变性 30 s，52 ℃ 退火 30 s，72 ℃ 延伸 30 s，共循环 30 次，最后，再在 72 ℃ 条件下延伸 10 min。

　　PCR 产物的长度和浓度用 1% 的琼脂糖凝胶电泳检测，根据 GeneTools Analysis Software(Version4. 03. 05. 0，SynGene)测定并等量混合。混合 PCR 产物用 E. Z. N. A. 凝胶萃取试剂盒(Omega，USA)纯化。使用 Illumina ®(New England Biolabs，MA，USA)的 NEBNext ® Ultra™ II DNA Library Prep Kit 生成测序库。使用 Qubit@ 2.0 荧光仪(Thermo Fisher Scientific，MA，USA)对文库质量进行评估。最后在 Illumina Nova6000 平台(广东美格生物科技有限公司)上进行测序，获得 250 bp 的双端 reads。

　　③数据分析与统计分析。

　　利用广东美格生物科技有限公司提供的测序原始数据(Fastq 格式)分别在实验室服务器上进行数据处理和统计分析，在俄克拉荷马大学环境基因组学研究所开发的 Galaxy 平台(http：//zhoulab5. rccc. ou. edu：8080/root)上进行处理，生成 OTU 表和每个 OTU 的代表序列。分析的简要流程为：用 Flash(version 1.0)将上下游 reads 组装，利用 Btrim (version 1.0) 去除质量较低(QC 评分< 20，长度< 250 bp)的序列，进一步去除含有"N"碱基的序列，并保留长度为 400~440 bP 的序列，最后使用 UPARSE (version usearv7. 01001_i86linux64)删除嵌合体，将基于 97% 相似水平的序列分配到操作分类单元(OTU)，删除没有相似序列的单一序列。最终每个样本的序列数量为 33953~45904 个，通过随机重抽样处理将所有样本重抽样至 33953 个。所有下游分析都使用重抽样后的 OTU 表进行。将原始数据提交至 NCBI SRA 数据库，Bioproject 登录号为 PRJNA687637。利用 RDP 分类器(http：//rdp. cme. msu. edu/classifier/classifier. jsp)将代表序列与 16S rRNA 数据库进行比对，并对每个 OTU 进行不同水平(门纲目科属)的分类。

　　在 R 软件平台(version 4.0.3)利用 vegan 包(version 2.5–7)计算微生物群落 α 多样性指数和 β 多样性。采用 LDA effect size 分析(LefSe)明确各处理组间存在显著差异的微生物类群。使用 R 软件上的 aov 和 TukeyHSD 包进行方差分析(ANOVA)和 T–检验，以确定组间差异是否显著，P 值小于 0.05 时为差异显著。采用 R 软件 corrplot 包进行 Pearson 相关性分析，采用 PLSPM 包构建 PLSPM 模型。

3.2.2 结果与分析

（1）对根际土壤理化特征的影响

根际土壤理化特征分析结果表明，不同微生物菌剂均显著提高了根际土壤 pH（表 3-4），而其他土壤性质指标包括有机质、总氮、有效磷、速效钾、铵态氮和硝态氮含量等均无显著变化；微生物菌剂对烟株农艺性状（包括株高、茎围、叶长、叶宽、叶面积和叶片数，见表 3-5）没有显著影响；微生物菌剂 AG-1 和 AG-2 处理组烟草叶片内叶绿素 a 的含量显著提高，但其他光合色素的含量均无显著变化（图 3-2）。微生物菌剂有效抑制了植物的土传病害（根茎类病害）的发病率（图 3-2）。

表 3-4　微生物菌剂处理后烟田根际土壤理化特性

处理组	pH	OM/%	TN /(mg·kg⁻¹)	AP /(mg·kg⁻¹)	AN /(mg·kg⁻¹)	NN /(mg·kg⁻¹)	AK /(mg·kg⁻¹)
AG-1	6.16± 0.12a	4.01± 0.79a	1668.4± 477.9a	47.78± 7.57a	71.95± 7.68a	93.74± 17.26a	831.7± 46.2a
AG-2	6.29± 0.13a	4.53± 0.50a	1618.9± 270.3a	45.53± 13.94a	70.51± 10.18a	103.32± 10.17a	823.9± 71.2a
CK_AG	5.90± 0.10b	4.25± 0.51a	1252.0± 310.7a	35.10± 7.51a	71.81± 11.06a	95.59± 14.84a	822.2± 126.6a

注：OM 为有机质，TN 为全氮，AP 为有效磷，AN 为铵态氮，NN 为硝态氮，AK 为速效钾。结果为 6 个重复样本的平均值和标准差。结果后不同字母表示差异显著（$P<0.05$）。

表 3-5　微生物菌剂处理后烟株农艺性状

处理组	株高/cm	茎围/cm	叶长/cm	叶宽/cm	叶面积/cm²	叶片数/片
CK_AG	68.07± 10.27a	7.62± 0.90a	60.83± 2.03a	27.97± 2.06a	1103.6± 68.4a	14.4± 1.2a
AG-1	72.57± 11.07a	8.23± 0.64a	62.27± 2.90a	27.83± 1.14a	1071.5± 74.4a	14.9± 1.6a
AG-2	69.27± 8.94a	7.92± 0.43a	61.77± 1.79a	27.28± 1.40a	1090.5± 106.7a	15.2± 1.1a

注：叶长、叶宽、叶面积指最长叶的相关指标。结果为 6 个重复样本的平均值和标准差。结果后不同字母表示差异显著（$P<0.05$）。

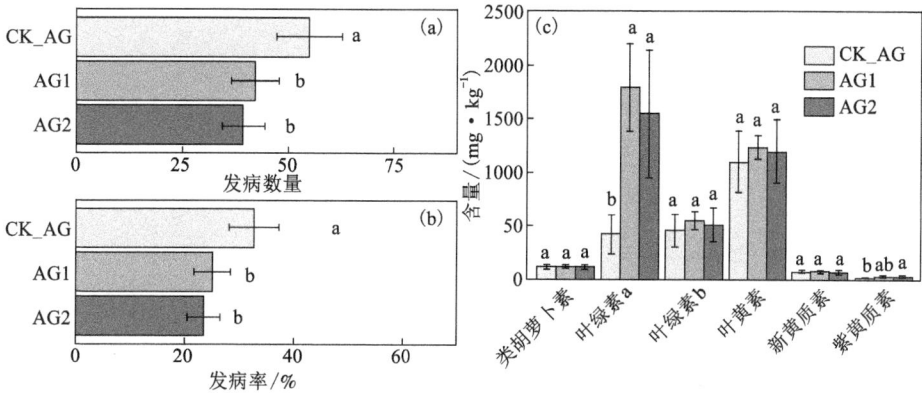

图 3-2　微生物菌剂处理后烟株青枯病的发病率和光合色素含量

（2）烟草根际土壤细菌群落分析

16S rDNA 基因高通量测序结果表明微生物菌剂处理对根际土壤细菌群落多样性指数没有显著影响（图 3-3）。但与未处理对照组相比，微生物菌剂显著改变了细菌群落结构（ADNOIS 组间差异检验，$F = 1.83$，$P = 0.027$，基于 Bray-curtis 距离）。微生物菌剂对根际细菌群落组成的影响不明显（图 3-4）。由韦恩图可知，所有样品中有 3322 个核心 OTU，与对照组根际土壤（CK_AG 为 234）相比，微生物菌剂处理组根际土壤（AG-1 为 301 个，AG-2 为 254）的特有 OTU 略有增加。微生物群落变化和特有 OTU 的增加可能是植物土传病害发生率减小的重要原因，因为植物健康与根际微生物群落密切相关，在一定程度上根际微生物群落的多样性可以抑制植物土传病害的发生。

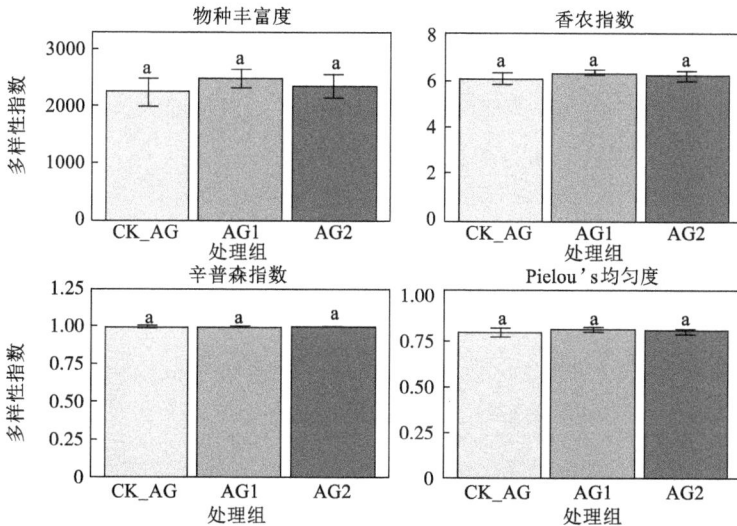

图 3-3　微生物菌剂处理组烟田根际微生物群落多样性指数

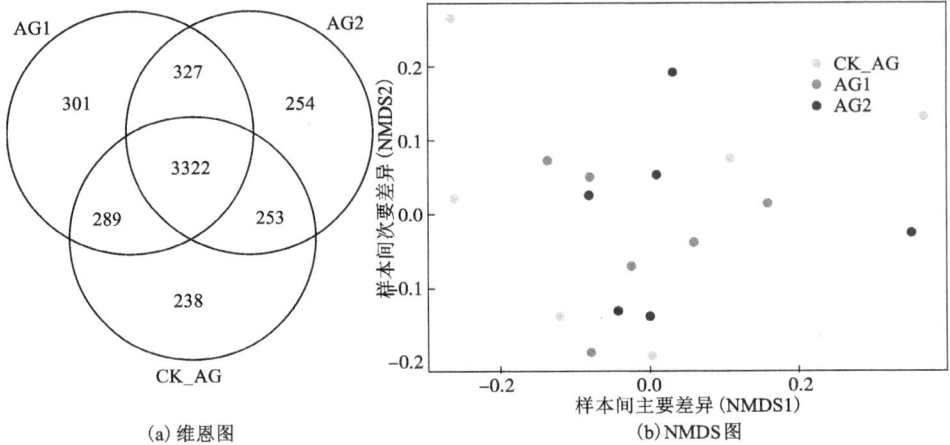

(a) 维恩图　　　　　　　　(b) NMDS 图

图 3-4　微生物菌剂处理组烟田根际微生物群落组成分析

　　采用气泡图和 LEFSE(LDA>3.5)进一步分析根际细菌群落组成的变化, 结果表明, 微生物菌剂 AG-1 增加了干旱杆菌属、节肢杆菌属、*Ralstonia* 属和 *Ramlibacter* 属的相对丰度, AG-2 增加了 *Solitalea* 属的相对丰度(图 3-5)。Proteobacteria 是根际土壤细菌群落 29 个门中相对丰度最高的门(占细菌群落的 38.63%)(图 3-6)。*Gemmatimonas* 是相对丰度最高的属, 占细菌群落的 6.35%, 其后依次为 *Gp3*(5.08%)、*Gp1*(3.30%)、*Sphingobium*(3.22%)、Saccharibacteria_

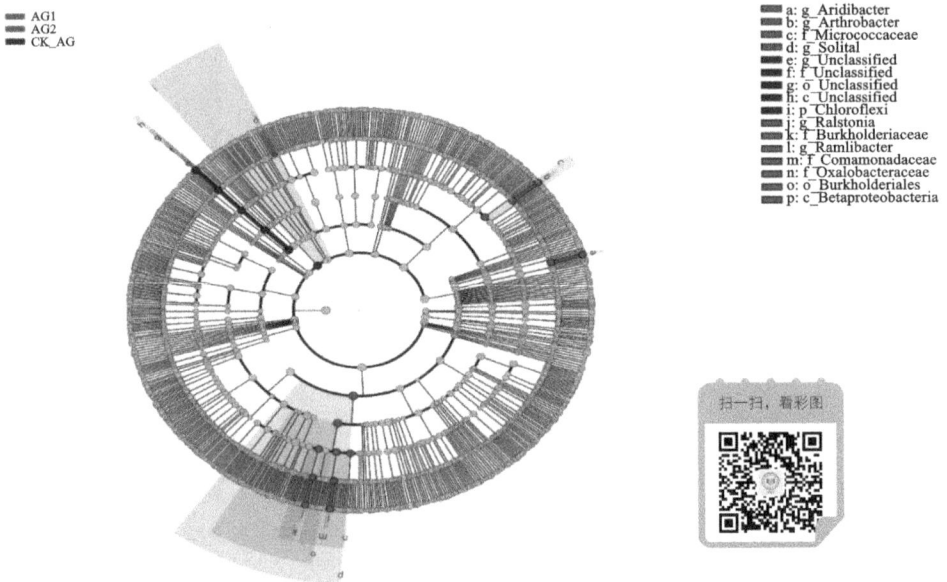

图 3-5　微生物菌剂处理组烟田根际微生物群落 LEFSE 分析

genera_incertae_sedis（3.03%）和 *Sphingomonas*（2.96%）。同时典型的硝化细菌 *Nitrospira* 属在烟草根际土壤中丰度较高。

图 3-6　微生物菌剂处理组烟田根际土壤细菌群落组成气泡图

　　虽然微生物菌剂对土壤和作物的影响不如熏蒸剂大，但土壤和作物均对微生物菌剂产生了积极响应，特别是土壤 pH 增加时，植物病害发病率降低。土壤酸化是引起土传病害暴发的主要因素之一，因此，无论是熏蒸处理还是微生物菌剂处理，土壤 pH 与烟草土传病害发病率均呈负相关，这进一步证明 pH 对提升烟叶品质的重要作用。叶片叶绿素 a 含量与植物病害发病率呈负相关，这是因为病害感染抑制了光合色素的合成，同时光合色素的合成增强了植物对病原体的免疫力。然而,微生物菌剂和熏蒸剂处理后的根际土壤细菌群落多样性(即丰富度和Shannon 多样性)与植物生长的相关性存在差异。许多相关研究发现植物受益于根际微生物群落多样性,而本章研究表明熏蒸处理后细菌群落多样性与植物生长特性之间存在显著负相关($P<0.05$),这可能是由于熏蒸处理后微生物群落重建,群落多样性减少,群落均匀性增加,群落功能发生变化。在此背景下,熏蒸处理后微生物群落多样性与疾病感染之间表现出异常的正相关也很容易理解。

因此,为了探索影响微生物菌剂和熏蒸处理提升烟叶品质的关键因素,构建了 PLSPM 模型以评估各种因素对烟叶品质的直接和间接影响(图 3-7)。总体而言,土壤理化性质、微生物群落多样性、光合色素含量、植物病害和烟草农艺性状对微生物菌剂处理具有更多的积极响应。其中,关于细菌群落多样性对植物生长的直接影响,微生物菌剂处理(直接影响系数为 0.6166)强于熏蒸处理(直接影响系数为-0.0061);关于细菌群落多样性对土壤性质的影响,熏蒸处理(直接影响系数为-0.4783)强于微生物菌剂处理(直接影响系数为 0.1624)。因此微生物

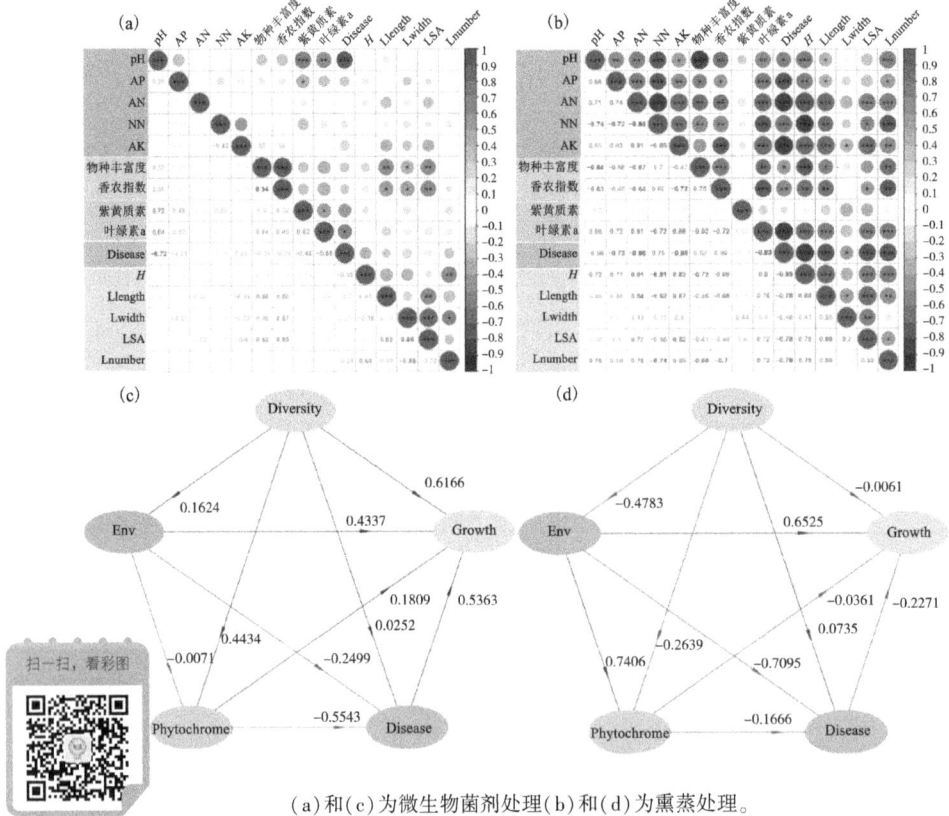

(a)和(c)为微生物菌剂处理(b)和(d)为熏蒸处理。

图 3-7 土壤理化性质(Env)、微生物群落多样性(Diversity)、光合色素含量(Phytochrome)、植物病害(Disease)与植物生长(Growth)的相关关系及 PLSPM 模型

菌剂中的促生细菌(PGPB)可能直接影响烟草的生长性状,从而促进植物生长;但熏蒸可能通过改变具有驱动养分转化、影响植物健康和调节植物生长功能的微生物群落,间接促进植物生长。

3.2.3　小结

①微生物菌剂处理对烟草根际微生物群落多样性没有显著影响,但增加了干旱杆菌属、节肢杆菌属、*Ralstonia* 属、*Ramlibacter* 属和 *Solitalea* 属等微生物丰度,有利于提升烟草品质。

②微生物菌剂中的促生细菌(PGPB)可改善烟草的生长性状,促进植物生长;此外,微生物菌剂处理后的根际土壤 pH 增加,有效改善了土壤酸化状况。

3.3　微生物菌剂对烟叶品质的影响

3.3.1　材料与方法

(1)烟叶样品采集

同 3.1 节。

(2)代谢组学检测

代谢组学检测方法包括植物色素检测、脂质检测、直接进样 GC-MS、非靶向 GC-MS 和非靶向 LC-MS 共 5 种方法(同第 1 章第 1.1 节)。

3.3.2　结果与分析

对微生物菌剂 AG-1 处理组烟草代谢产物的变化进行了分析,与对照相组相比筛选出差异代谢产物 64 个,对差异代谢产物进行代谢通路富集后发现,对 AG-1 处理组影响较大的代谢通路有精氨酸和脯氨酸代谢、α-亚麻酸代谢、丙酮酸代谢、糖酵解/糖异生等(图 3-8)。

对微生物菌剂 AG-2 处理组烟草代谢产物的变化进行了分析,与对照相组相比筛选出差异代谢产物 66 个,对差异代谢产物进行代谢通路富集后发现,对 AG-2 处理组影响较大的代谢通路有乙醛酸和二羧酸代谢,甘氨酸、丝氨酸和苏氨酸代谢,α-亚麻酸代谢,丙酮酸代谢,糖酵解/糖异生,谷胱甘肽代谢,色氨酸代谢等(图 3-9)。

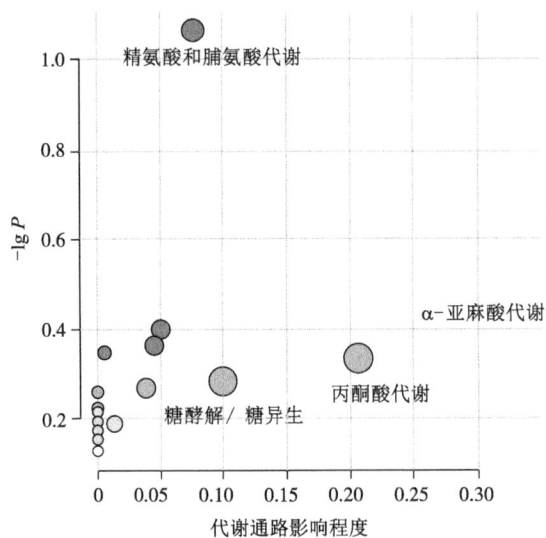

图 3-8 微生物菌剂 AG-1 处理组烟草代谢通路变化分析

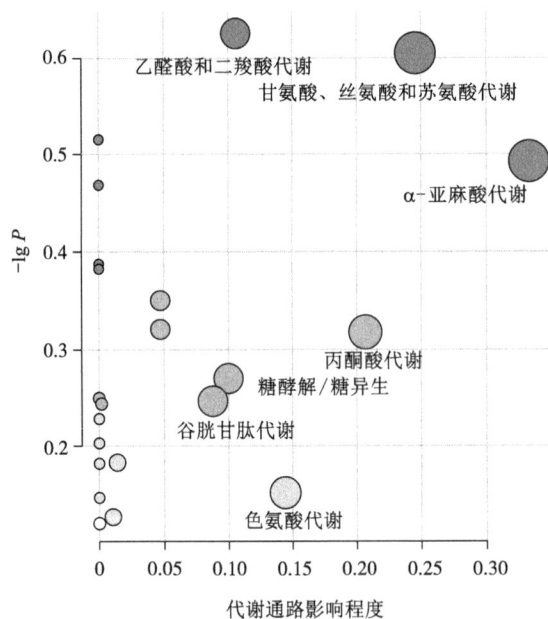

图 3-9 微生物菌剂 AG-2 处理组烟草代谢通路变化分析

3.3.3　小结

①微生物菌剂处理对烟草代谢通路丙酮酸代谢、糖酵解/糖异生过程具有显著影响。

②不同微生物菌剂造成的影响存在差异，其中 AG-1 菌剂影响精氨酸和脯氨酸代谢、α-亚麻酸代谢过程，而 AG-2 对代谢通路乙醛酸和二羧酸代谢，甘氨酸、丝氨酸和苏氨酸的代谢，α-亚麻酸代谢，谷胱甘肽代谢，色氨酸代谢等产生影响。

第4章 湘西山地植烟土壤耕作层
绿色重构技术研究

粉垄、熏蒸处理、使用微生物菌剂等方法都是通过调节烟田根际土壤理化性质和根际细菌群落结构来提升烟草烟叶品质。其中粉垄深耕改良烟草根际土壤理化性质的效果要好于熏蒸和微生物菌剂，当前应用比较广泛；而熏蒸处理由于其成本较高，一般应用于高附加值的经济作物或大棚蔬菜，如生姜、百合等；微生物菌剂虽能提高烟草根际土壤 pH，增加干旱杆菌属、节肢杆菌属、*Ralstonia* 属、*Ramlibacter* 属和 *Solitalea* 属等微生物丰度，降低植物病原微生物 *Gp*1、*Gp*3 丰度，但由于其效果易受外界环境影响，当前主要以微生物菌肥、菌剂等产品形式加以应用。

4.1 植烟土壤粉垄深度研究

土壤是作物赖以生存的重要载体。合理耕作是作物生产中一个重要和不可缺少的农业措施，可协调土壤水、肥、气、热状况，有效促进作物生态系统的良性循环及资源的高效利用，有利于确保作物持续高产和稳产。山地植烟土壤常采用小型拖拉机带旋耕机进行旋耕作业，容易在耕作层和心土层形成犁底层，阻碍耕作层和心土层之间的水、肥、气、热交换，致使土壤耕作层变浅和蓄水保肥能力下降，影响烤烟根系发育和下扎，导致烤烟早衰和产量、质量不稳定。近年来，粉垄作为一种新型的耕作方式被推广使用，其特点为利用专用机械垂直螺旋型钻头快速扰动土壤，使其悬浮成垄而不破坏土层，既具有犁翻耕的深松作用，又具有旋耕的土壤疏松、土粒粉碎均匀的特点，已在甘蔗、水稻、马铃薯、玉米、小麦等作物增产提质上得到应用，而在烤烟生产上报道较少。为进一步提高植烟土壤质量，充分发挥粉垄在土壤改良方面的效果，本章研究粉垄深度对植烟土壤理化特性、烤烟养分利用效率、烟草生长、干物质和养分积累及烟叶经济性状和化学成分的影响，旨在为应用粉垄耕作生产优质烟叶提供参考。

4.1.1　材料与方法

（1）试验材料

试验于 2019 年在湖南省花垣县科技示范园(28.53°N, 109.45°E)开展。试验地海拔 530 m，年平均气温 15.0 ℃，年降水量 1364 mm，无霜期 279 d，全年日照时间为 1219 h，属亚热带季风山地湿润气候区。试验田前茬为玉米，土壤为黄壤，pH 为 5.04，有机质含量为 16.70 g/kg，碱解氮含量为 57.46 mg/kg，有效磷含量为 14.71 mg/kg，速效钾含量为 90.87 mg/kg。烤烟品种为云烟 87。石灰为市售熟石灰，施用量为 1500 kg/hm^2。垂直深旋耕机由广西某厂家提供，旋耕机、微型起垄机由合作社提供。

（2）试验设计

试验设粉垄深度 50 cm、40 cm、30 cm(分别用 T1、T2、T3 表示)和常规耕作(CK) 4 个处理组。试验重复 3 次，小区面积为 100 m^2。烤烟移栽前 10 d，在土壤上均匀撒施石灰，然后按试验设计完成土壤翻耕和起垄作业。粉垄采用 4 根垂直轴旋磨细碎土壤，常规耕作使用小型拖拉机，旋耕深度为 20 cm。采用微型机械起垄，垄幅 120 cm，垄高 30 cm。烤烟种植密度为 16650 株/hm^2(1.2 m×0.5 m)。4 月下旬移栽，7 月上旬打顶，留 16~18 片叶片，其他栽培管理措施同湘西自治州优质烤烟生产技术规程。

（3）主要检测指标及方法

①根系形态指标测定：烤烟移栽后 30 d、60 d、90 d、120 d 分别从每个处理组选择 5 株长势均匀一致的烤烟样株。30 d 取样操作：小心挖取全株根系，用水冲洗干净。60 d、90 d、120 d 取样操作：采用植物根系取样器(直径为 10 cm，高度为 20 cm)在离烟株分别为 5 cm、8 cm、10 cm 的垄体中部(垄脊)和垄体边(垄侧)各取 1 个土柱。用水浸泡根土并冲洗干净，用网筛承接根系。采用 LA-2400 多参数根系分析系统，测定根长、根表面积、根体积、根直径及根尖数。120 d 的根系形态数据为垄脊和垄侧的平均值。

②烤烟生长指标调查：每个处理组选定 5 棵烟株进行观察，并于移栽后 30 d、60 d、90 d，按照《烟草农艺性状调查测量方法》(YC/T 142—2010)测定株高、茎围、叶片数、叶长、叶宽等。叶面积=叶长×叶宽×0.6345。30 d 时测定最大烟叶；60 d 时测定下部、中部、上部烟叶，分别为第 2~4 叶、第 6~9 叶、第 11~13 叶(从下往上数)；90 d 时测定上部和中部烟叶，分别为第 2~4 叶、第 8~9 叶(从上往下数)。

③烤烟干物质及全氮、全磷、全钾、烟碱含量测定：于移栽后 70 d，从每个处理组选择 5 株长势均匀一致的植株，分切为根、茎、叶片，在 105 ℃杀青 30 min，在 80 ℃烘干至恒重后测定干物质质量。植株用 H$_2$SO$_4$-H$_2$O$_2$ 法消煮，全氮含量

采用凯氏定氮法测定，全磷含量采用钼锑抗比色法测定，全钾含量采用火焰光度法测定，烟碱含量采用荷兰SKALARSan++流动分析仪测定。氮（磷、钾、烟碱）积累量（mg/株）=移栽后70 d单株干物质质量（g）×单株含氮（磷、钾、烟碱）量（%）×10。干物质（氮、磷、钾、烟碱）分配率（%）=某器官干物质（氮、磷、钾、烟碱）量/植株干物质（氮、磷、钾、烟碱）总量×100。

④烤烟经济性状考察：各处理组烟草采用单采、单烤，由分级专家分级后，考察上等烟比例、中等烟比例、均价、产量、产值等烟叶经济性状。

⑤烟叶化学成分测定：从各处理组选取具有代表性的B2F、C3F等级烟叶，采用荷兰SKALARSan++间隔流动分析仪测定总糖、还原糖、总氮、烟碱、氯含量，用火焰光度法测定烟叶钾含量。糖碱比为总糖与烟碱含量的比值，氮碱比为总氮与烟碱含量的比值，钾氯比为钾与氯含量的比值。

⑥氮磷钾养分利用效率计算：于烤烟移栽后70 d，从每个处理组选择5株长势均匀一致的植株，分为根、茎、叶片，在105 ℃杀青30 min，80℃烘干至恒重后测定干物质质量。植株用$H_2SO_4-H_2O_2$法消煮，全氮含量采用凯氏定氮法测定，全磷含量采用钼锑抗比色法测定，全钾含量采用火焰光度法测定[12]。计算公式如下：（a）单位面积氮（磷、钾）积累量（kg/hm²）=不同时期单株（器官）干物质质量（g）×单株（器官）含（磷、钾）量（%）×种植密度/1000；（b）氮（磷、钾）肥吸收效率（fertilizer absorption efficiency，FAE，%）=单位面积烟株氮（磷、钾）积累量/单位面积施氮（磷、钾）量×100；（c）氮（磷、钾）肥利用效益（fertilizer utilization efficiency，FUE，kg/kg）=单位面积烟叶干物质质量/单位面积施氮（磷、钾）量；（d）氮（磷、钾）烟叶生产效率（leaf production efficiency，LPE，kg/kg）=单位面积烟叶干物质质量/单位面积植株氮（磷、钾）素积累总量；（e）氮（磷、钾）收获指数（harvest index，HI，%）=单位面积烟叶中的氮（磷、钾）积累量/单位面积氮（磷、钾）积累量×100。

⑦土壤检测指标：在烟田翻耕前及烤烟移栽后30 d、60 d、90 d、120 d，从每个处理组选择5个点，采用环刀法测定土壤密度、孔隙度和水分；采集0~20 cm垄体层土壤，制成混合土样。土壤pH采用电位法测定；土壤有机质、碱解氮、有效磷、速效钾含量分别采用重铬酸钾容量法、碱解扩散法、碳酸氢钠浸提-钼锑抗比色法、醋酸铵浸提-火焰光度法测定。

⑧土壤垂直pH测定：在烟田翻耕前（FT）及烤烟移栽后30 d，在每个处理组采用土壤原位取样器钻取3个高度为50 cm的土柱，采集深度为0~10 cm、10~20 cm、20~30 cm、30~40 cm、40~50 cm处的土壤用于测定土壤pH。

（4）数据分析

采用Microsoft Excel 2003和SPSS17.0进行数据处理和统计分析。采用Duncan法在$P=0.05$水平下检验显著性。

4.1.2　结果与分析

（1）对土壤理化性质的影响

①土壤密度动态变化。

土壤密度是评价土壤质量的重要物理指标，直接影响土壤通透性、保肥保水能力及微生物的数量和活性。由图 4-1 可知，在烤烟生长发育进程中，植烟土壤密度逐渐增加；粉垄（T1、T2、T3）土壤密度显著低于传统耕作（CK）的土壤密度。在烤烟移栽后 30 d，T1、T2、T3 组的土壤密度较 CK 组分别降低了 7.69%、8.46%、10.00%；在烤烟移栽后 60 d，T1、T2、T3 组的土壤密度较 CK 组分别降低了 10.87%、12.32%、13.04%；在烤烟移栽后 90 d，T1、T2、T3 组的土壤密度较 CK 组分别降低了 10.00%、10.71%、11.43%；在烤烟移栽后 120 d，T1、T2、T3 组的土壤密度较 CK 组分别降低了 9.22%、9.93%、9.93%。表明粉垄可降低土壤密度。

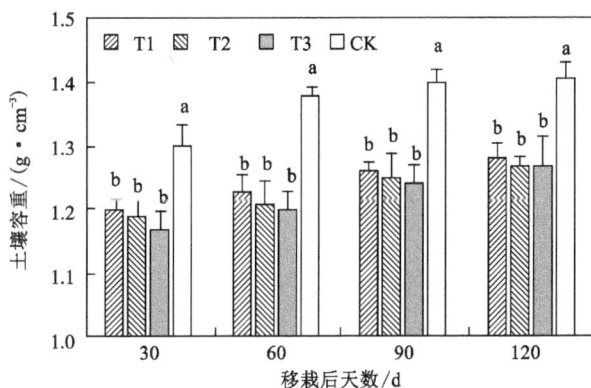

图 4-1　粉垄土壤密度的动态变化

②土壤孔隙度动态变化。

土壤孔隙是土壤水分、养分、空气和微生物等的贮存库、传输通道和活动空间，孔隙度与土壤通气性和持水性关系紧密，主要用来反映土壤涵养水源、吸持水分及保障气体畅通的能力。由图 4-2 可知，在烤烟生长发育进程中，植烟土壤孔隙度降低；粉垄（T1、T2、T3）土壤孔隙度显著高于传统耕作（CK）土壤孔隙度；在烤烟移栽后 30 d，T2、T3 组土壤孔隙度还显著高于 T1 组，这可能与粉垄耕作搅动了低位置土层有关。在烤烟移栽后 30 d，T1、T2、T3 组的土壤孔隙度较 CK 组分别升高了 9.02%、14.54%、15.70%；在烤烟移栽后 60 d，T1、T2、T3 组的土壤孔隙度较 CK 组分别升高了 10.72%、11.55%、12.40%；在烤烟移栽后 90 d，T1、T2、T3 组的土壤孔隙度较 CK 组分别升高了 11.55%、13.25%、12.18%；在烤烟移栽后 120 d, T1、T2、T3 组的土壤孔隙度较 CK 组分别升高了 14.37%、14.20%、14.64%。表明粉垄可提高土壤孔隙度。

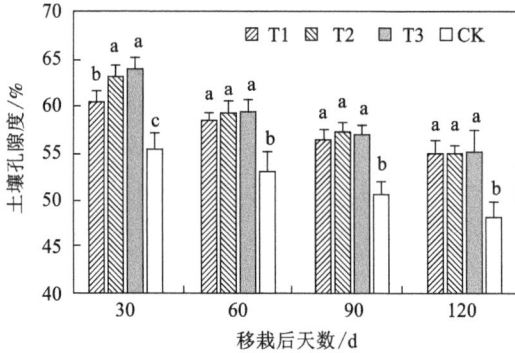

图 4-2　粉垄土壤孔隙度的动态变化

③土壤 pH 动态变化。

由图 4-3 可知, 不同处理组的土壤 pH 差异不显著。烤烟移栽后 30 d、60 d、90 d、120 d, 土壤 pH 较本底值(pH = 5.04)分别提高了 32.95% ~ 37.03%、25.42% ~ 29.82%、8.30% ~ 10.87%、3.70% ~ 7.77%。可见, 在烤烟生长发育进程中, 植烟土壤 pH 下降, 特别是烤烟移栽后 90 ~ 120 d 的土壤 pH 下降幅度较大, 这可能与施用石灰的效应逐步下降有关。

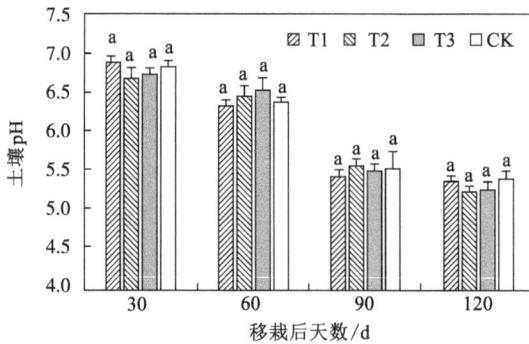

图 4-3　粉垄土壤 pH 的动态变化

④土壤 pH 垂直变化。

由图 4-4 可知, T1、T2、T3、CK、FT 组土柱的 pH 分别为 6.09 ~ 6.86、4.88 ~ 6.84、4.64 ~ 6.82、4.65 ~ 6.92、4.60 ~ 5.03; T1 组 0 ~ 50 cm 深度的土壤 pH 在 6 以上, T2 组 0 ~ 40 cm 深度的土壤 pH 在 6 以上, T3 组 0 ~ 30 cm 深度的土壤 pH 在 6 以上, CK 组 0 ~ 20 cm 深度的土壤 pH 在 6 以上, FT 组 0 ~ 50 cm 深度的土壤 pH 在 6 以

下。在 0~20 cm 段，T1、T2、T3、CK 组土壤 pH 差异不显著，但显著高于 FT 组；在 20~30 cm 段，T1、T2、T3 组土壤 pH 差异不显著，但显著高于 CK、FT 组，CK 组土壤 pH 也显著高于 FT 组；在 30~40 cm 段，T1、T2 组土壤 pH 差异不显著，但显著高于 T3、CK、FT 组，T3 组土壤 pH 也显著高于 CK、FT 组；在 40~50 cm，T1 组的土壤 pH 显著高于 T2、T3、CK、FT 组，但 T2、T3、CK、FT 组差异不显著。以上表明，粉垄有利于石灰调酸剂与土壤充分混匀，可提高土壤调酸效果。

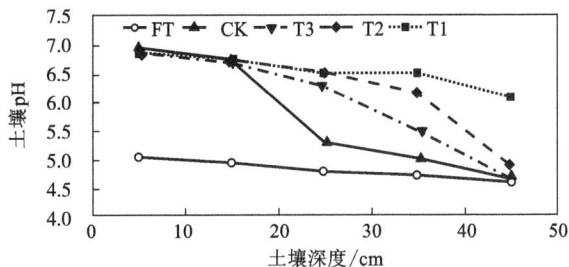

图 4-4　粉垄土壤 pH 的垂直变化

⑤对土壤有机质的影响。

土壤有机质含量是反映耕地土壤基础肥力的重要指标，与土壤结构性、吸附性、通透性、渗透性等紧密相关。由图 4-5 可知，随烤烟生育进程，植烟土壤有机质含量表现为先升高、后下降趋势；粉垄以移栽后 90 d 土壤有机质含量最高，传统耕作以移栽后 60 d 土壤有机质含量最高。不同垂直旋耕深度的土壤有机质含量差异不显著。粉垄（T1、T2、T3 组）土壤有机质含量显著高于传统耕作（CK 组）土壤；烤烟移栽后 30 d、60 d、90 d、120 d，粉垄（T1、T2、T3 组）土壤有机质含量较 CK 组分别提高了 1.00%~9.57%、15.01%~29.41%、14.12%~20.04、22.72%~36.73%，这可能与粉垄细碎土壤、提高土壤通透性、促进土壤微生物分解土壤残茬有关。

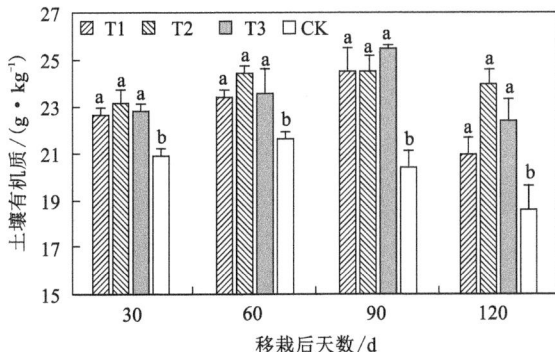

图 4-5　粉垄土壤有机质的动态变化

⑥对土壤碱解氮的影响。

土壤氮含量和供氮能力,决定了农作物的生长发育状态和耕地的生产潜力。由图4-6可知,在烤烟生长发育进程中,植烟土壤碱解氮含量逐渐下降。烤烟移栽30 d后,T2、T3组土壤碱解氮含量显著高于T1、CK组;在烤烟移栽60 d、90 d、120 d后,粉垄(T1、T2、T3组)土壤碱解氮含量显著高于传统耕作(土壤CK组)。氮素容易被淋溶,而粉垄土壤较细碎、孔隙度大,有利于对氮肥的吸附,可减少氮肥流失。可见,粉垄可提高土壤碱解氮含量。

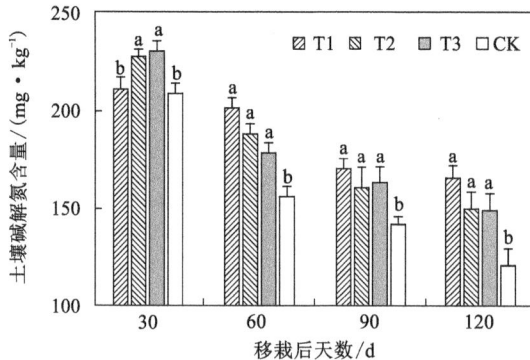

图4-6 粉垄土壤碱解氮含量的动态变化

⑦对土壤有效磷的影响。

磷是保障作物生长发育和优质稳产所必需的元素,作物获得的磷主要来源于土壤磷库。烤烟种植残留磷较多,表土耕层土壤有效磷含量远高于底层土壤。粉垄过程中机械摩擦作用和土壤环境条件改善,可促进土壤中固定的磷素重新释放,从而增加土壤中有效磷含量。由图4-7可知,在烤烟移栽后30 d,粉垄土壤

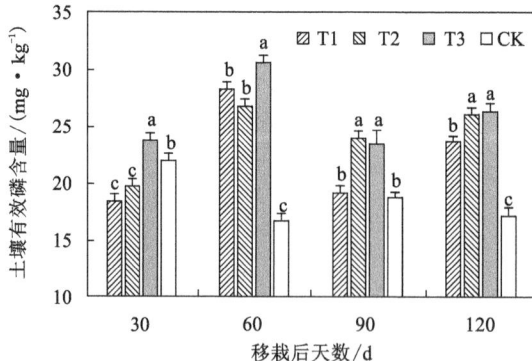

图4-7 粉垄土壤有效磷含量的动态变化

深 40~50 cm 处有效磷含量相对较低,这是因为粉垄将部分底层土翻至表土层;
移栽 90 d、120 d 后,粉垄土壤深 30~40 cm 处有效磷含量相对较高,这是粉垄活
化土壤难溶性磷所致。可见,适当控制粉垄深度,有利于提高土壤有效磷含量。

⑧对土壤速效钾的影响。

烤烟是喜钾作物,烤烟种植需施用大量钾肥,表土耕层土壤残留的钾素远高
于底层土壤。粉垄过程中机械摩擦作用和土壤环境条件改善,可促进土壤中固定
的钾素重新释放出来,从而增加土壤中的速效钾含量。由图 4-8 可知,在烤烟移
栽后 30 d,粉垄组土壤速效钾含量显著高于 CK 组,且随粉垄深度的增加(T3 组
至 T1 组),土壤速效钾含量降低。在移栽 60 d、90 d、120 d 后,粉垄 T2 组土壤速
效钾含量显著高于 T1、CK 组。可见,粉垄有利于提高土壤速效钾含量。

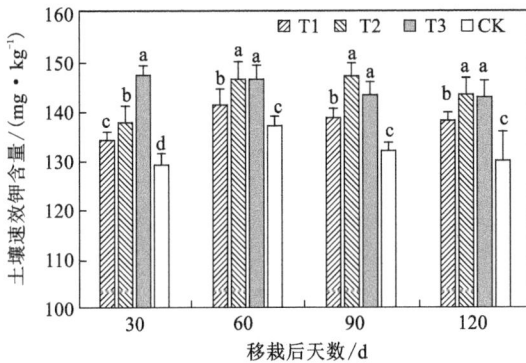

图 4-8　粉垄土壤速效钾含量的动态变化

(2) 对烤烟生长特性的影响

①对烤烟地下部分根系生长的影响。

由表 4-1 可知,移栽后 30 d,粉垄处理组的根系长度、表面积、体积、根尖数
均显著大于常规耕作组。移栽后 60 d,从垄脊的根系看,T1、T2 组的根长度、根
表面积、根尖数均显著大于 T3、CK 组;从垄侧的根系看,T3 组根系生长指标
表现最好,其次是 CK 组,T1 和 T2 组相对要差。这有可能与 T3、CK 组的根系分
布较 T1、T2 组浅有关。移栽后 90 d,从垄脊看,T1、T2 组根系生长指标表现较
好,其次是 T3 组,CK 相对要差;从垄侧看,T3 组根系生长指标表现较好,其次
是 T2 组,T1、CK 组相对要差。移栽后 120 d,T1 组根系长度、根尖数高于其他
组,T3 组根系平均直径、根表面积、根体积高于其他组。这表明粉垄有利于烤烟
根系生长发育,粉垄深度增加有利于根系下扎。

表4-1　不同粉垄深度的烟草根系形态指标

时间/d	处理组	根长度/cm	根平均直径/mm	根表面积/cm²	根体积/cm³	根尖数/个
30	T1	409.26±26.13a	1.50±0.05a	175.02±4.99a	7.51±1.65a	655±8a
	T2	385.58±25.40a	1.45±0.09a	182.13±2.11a	7.42±1.60a	719±8a
	T3	394.31±22.08a	1.49±0.04a	180.24±1.02a	6.86±1.39a	703±7a
	CK	314.16±30.00b	1.52±0.07a	149.95±7.08b	5.70±1.89b	436±10b
60	T1（垄脊）	540.03±30.21a	0.89±0.09a	150.99±5.86a	3.36±0.91a	1034±18a
	T2（垄脊）	507.91±28.22a	0.75±0.15a	140.17±10.07a	2.96±0.78a	1058±49a
	T3（垄脊）	421.04±21.31b	0.92±0.14a	130.12±3.46b	2.82±0.35a	655±47b
	CK 垄脊	397.47±16.15b	0.97±0.13a	121.03±5.45b	2.93±1.02a	535±35b
	T1（垄侧）	383.58±17.10c	0.95±0.10c	142.03±7.52c	3.84±0.78c	596±5c
	T2（垄侧）	470.38±24.08b	0.98±0.04c	141.22±4.01c	3.47±0.52c	601±8c
	T3（垄侧）	543.76±9.86a	1.30±0.08a	191.52±12.48a	6.21±0.62a	842±3a
	CK 垄侧	457.24±12.11b	1.18±0.06b	161.97±12.58b	4.19±0.76b	661±4b
90	T1（垄脊）	478.60±26.59a	0.96±0.15a	99.42±4.90a	1.64±0.68a	722±39a
	T2（垄脊）	377.43±11.28b	1.00±0.12a	95.67±4.76a	1.39±0.71a	532±44b
	T3（垄脊）	307.76±5.45c	1.04±0.11a	100.18±4.14a	2.60±0.34a	363±42c
	CK 垄脊	298.17±37.78c	0.83±0.17a	55.68±5.63b	0.94±0.39b	338±12c
	T1（垄侧）	217.96±31.28c	0.69±0.06c	47.05±5.66c	1.41±0.98c	523±50c
	T2（垄侧）	290.69±53.72b	0.87±0.10b	91.84±5.29b	2.05±0.39b	680±17b
	T3（垄侧）	433.36±18.44a	1.12±0.13a	102.54±9.00a	2.88±0.66a	967±46a
	CK 垄侧	202.97±29.06c	0.67±0.15c	55.49±3.03c	1.21±0.84c	485±39c
120	T1	301.33±40.11a	0.72±0.17c	68.21±3.21b	1.23±2.53c	1104±13a
	T2	255.97±21.39b	1.02±0.14b	82.14±4.51a	2.10±1.35b	1019±37b
	T3	245.16±13.22b	1.39±0.12a	80.93±1.85a	2.82±0.84a	756±54c
	CK	196.88±13.78c	1.07±0.12b	32.63±2.27c	0.87±0.87c	653±34c

②对烤烟地上部分生长的影响。

由表4-2可知，移栽后30 d，烤烟株高、茎围、叶片数、最大叶面积大小排序为：T1组>T2组>T3组>CK组，但总体上看，粉垄生产的烤烟生长状况优于常规耕作生产的烤烟生长状况。移栽后60 d，T1、T2组株高、茎围、叶片数显著大于T3、CK组。移栽后90 d，T1、T2组的烤烟生长状况优于T3、CK组。可见，粉垄有利于烤烟生长，以粉垄深度为 40~50 cm 的烤烟农艺性状较好。

表 4-2　不同粉垄深度的烤烟地上部分生长性状

时间/d	处理组	株高/cm	茎围/cm	叶片数/片	面积/cm²		
					下部烟叶	中部烟叶	上部烟叶
30	T1	25.21± 1.85a	4.71± 0.32a	7.40± 0.55a	—	252.71± 29.57a	—
	T2	23.90± 1.71a	4.74± 0.32a	7.20± 0.45a	—	248.56± 21.75a	—
	T3	22.58± 1.83a	3.92± 0.44b	6.80± 0.45a	—	233.32± 18.97a	—
	CK	18.06± 1.75b	3.54± 0.17b	6.40± 0.55a	—	185.13± 21.74b	—
60	T1	114.33± 3.37a	8.81± 0.32a	18.2± 1.00a	545.15± 78.17a	990.92± 89.42a	1318.05± 134.43a
	T2	109.62± 2.05a	8.64± 0.26a	17.3± 0.58a	635.68± 80.85a	1032.32± 61.37a	1256.36± 110.62a
	T3	92.81± 2.82b	8.03± 0.21b	15.3± 0.58b	557.72± 66.67a	953.36± 34.86a	1326.03± 133.04a
	CK	98.07± 5.21b	7.97± 0.45b	15.3± 0.58b	566.98± 66.38a	947.82± 80.12a	1388.07± 103.12a
90	T1	120.17± 5.76a	9.87± 0.32a	—	—	1125.79± 88.48a	1014.57± 92.36a
	T2	116.57± 5.37ab	9.94± 0.26a	—	—	1198.24± 56.06a	923.18± 117.93a
	T3	110.53± 2.81b	9.30± 0.22b	—	—	1205.39± 79.58a	980.34± 41.99a
	CK	105.53± 1.38c	9.43± 0.21b	—	—	1109.13± 65.68a	986.74± 64.65a

（3）对烤烟物质积累与分配的影响

①对烤烟干物质积累与分配的影响。

由图4-9可知，T1、T2、T3组的干物质总量分别较CK组多47.65%、21.33%、17.37%。T1、T2、T3组的根干物质质量分别较CK组多96.09%、42.79%、19.04%；T1、T2、T3组的茎、叶干物质质量显著大于CK组。烤烟干物质主要分配给烟叶，T1、T2组的干物质分配给根的比例明显大于T3、CK组，T1、T2组的根部干物质分配量分别较CK组多8%、4%。表明粉垄有利于烤烟干物质积累，粉垄深度40~50 cm有利于干物质向根系分配。

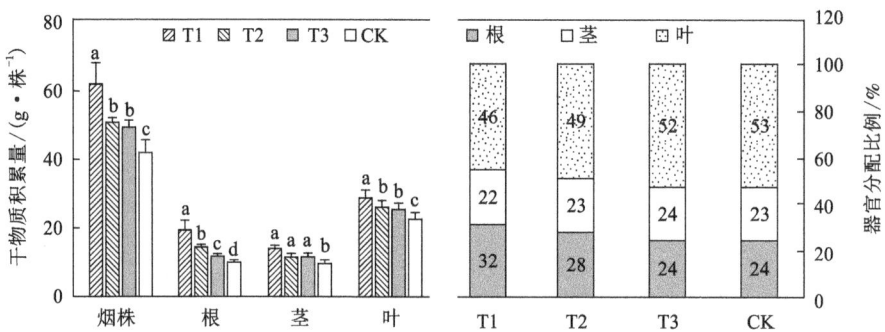

图4-9 不同粉垄深度的烟草干物质积累量与器官分配比例

②对烤烟氮积累与分配的影响。

由图4-10可知，T1、T2、T3组烤烟氮积累量分别较CK组高48.70%、19.91%、33.40%；同时，T1组氮积累量高于T2、T3组。在烟株的不同器官，根以T1组氮积累量相对较高，其次是T2、T3组；茎以T1组氮积累量相对较高；烟叶以T1、T3组氮积累量相对较高。烤烟积累的氮主要分配给烟叶，粉垄种植的烤烟根系积累比例明显高于常规耕作种植的烤烟（高3%~5%）。这表明粉垄有利于烤烟氮积累，也有利于烤烟的根系氮积累。

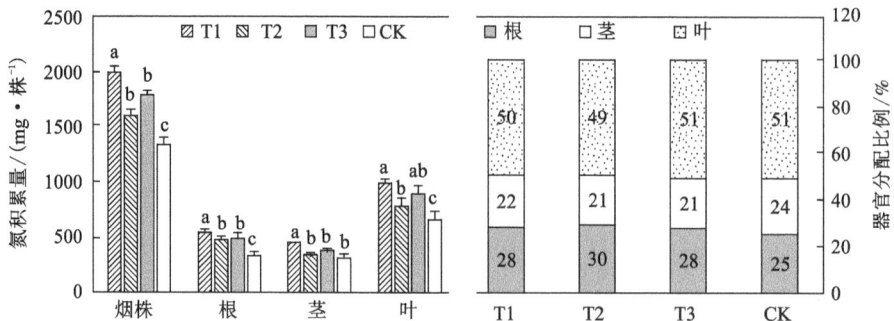

图4-10 不同粉垄深度的烟草氮积累量与器官分配比例

③对烤烟钾物质积累与分配的影响。

由图 4-11 可知，不同组烤烟钾积累量从大到小为 T3 组>T2 组>T1 组>CK 组，T1、T2、T3 组烤烟钾积累量分别较 CK 组高 49.94%、35.34%、25.16%。在烟株的不同器官，不同处理组的根钾积累量差异显著；T1、T2、T3 组茎和叶的钾积累量显著高于 CK 组。烤烟积累的钾主要分配给烟叶，T1、T2 组根部钾积累比例明显高于其他处理组。这表明随着粉垄深度的增加，烤烟钾积累量增加；粉垄 40~50 cm 有利于钾向根系分配。

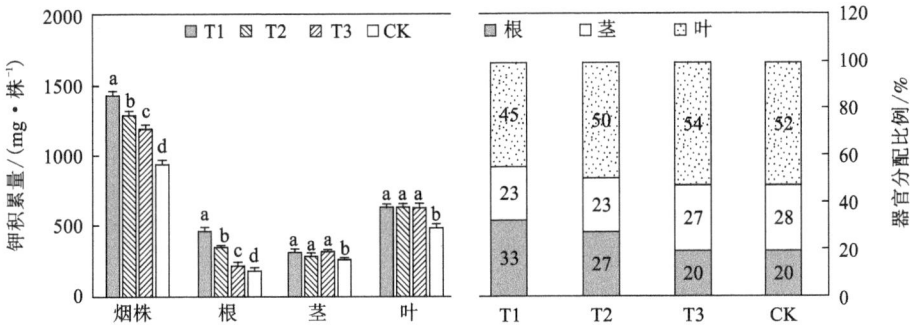

图 4-11　不同粉垄深度的烟草钾积累与分配

④对烤烟烟碱物质积累与分配的影响。

由图 4-12 可知，烤烟的烟碱积累量以 T1 组最高，其次是 CK 组，T2 和 T3 组相对较低。在不同器官，根和烟叶以 T1、CK 组的烟碱积累量相对较高；茎以 T1 组的烟碱积累量相对较高。烤烟积累的烟碱主要分配给烟叶，其次是根，这与根是烟碱合成器官有关；T2、T3、CK 组烟叶分配比例较高，茎分配比例较低。可见，粉垄 50 cm 的烤烟，由于根系发达，合成的烟碱多，烟叶积累的烟碱也多。

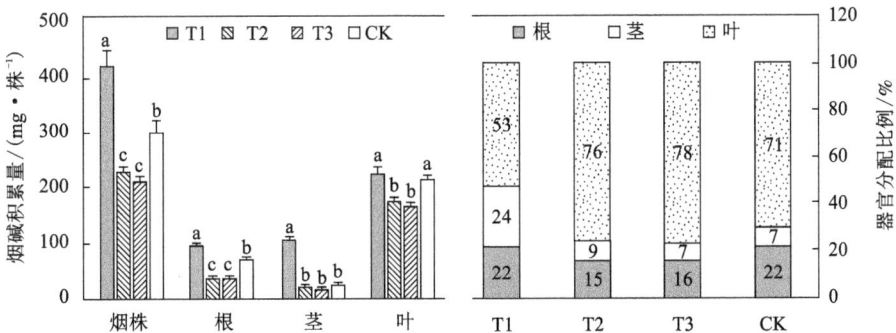

图 4-12　不同粉垄深度的烟草烟碱积累与分配

⑤对烟株氯积累与分配的影响。

由图4-13可知，T1组的氯积累量最高，其次是T2组。在不同器官，根以T1组的氯积累量相对较高；茎以CK组的氯积累量相对较高；烟叶以T1组的氯积累量相对较高。烤烟氯积累主要分配给烟叶；T2、T3、CK组的茎中氯分配比例较高。T1组烟株氯积累量大与烟株生物量大、根系发达有关。

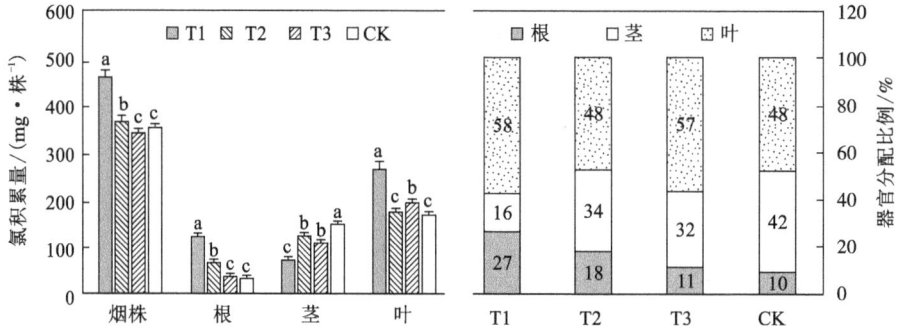

图4-13　不同粉垄深度的烟草氯积累与分配

(4)对烤烟经济性状的影响

由表4-3可知，不同处理组烟叶产量和产值排序为T2组>T3组>CK组>T1组；上等烟比例以T2组最高，其次是T3组；不同处理组中等烟和均价差异不显著。T1组烤烟中，虽然鲜烟叶产量高，但由于其后劲足，烟叶落黄晚于其他处理组，烘烤后导致产量和产值低。可见，适宜的粉垄深度有利于提高烟叶产量和产值。

表4-3　粉垄对烤烟经济性状的影响

处理组	产量 /(kg·hm⁻²)	产值 /(元·hm⁻²)	上等烟 /%	中等烟 /%	均价 /(元·kg⁻¹)
T1	1897.22± 105.35c	42770.56± 724.92c	45.53± 1.37bc	50.37± 1.41a	22.54± 1.18a
T2	2410.71± 29.44a	58609.52± 412.66a	50.99± 2.41a	48.28± 2.38a	24.31± 1.26a
T3	2294.64± 68.51b	54306.25± 837.95b	47.86± 1.39ab	51.75± 1.42a	23.67± 1.19a
CK	2142.86± 95.28b	48887.22± 954.25 d	44.58± 1.36c	54.86± 3.44a	22.81± 0.98a

（5）对烤后烟叶化学成分的影响。

由表 4-4 可知，粉垄（T1、T2、T3 组）有利于提高烟叶钾含量。粉垄深度为
40～50 cm（T1、T2 组）的烟叶氯含量较高。粉垄深度为 30～40 cm（T2、T3 组）的
B2F 等级烟叶的烟碱含量较高；但 C3F 等级的烟叶，T1 和 CK 组烟叶的烟碱含量
较高。可见，粉垄栽培，由于烟株根系发达，不仅可提高烟叶钾含量，而且可提
高烟叶氯和烟碱含量。

表 4-4 粉垄对烟叶化学成分含量的影响　　　　单位：%

烟叶等级	处理组	总糖	还原糖	烟碱	总氮	钾	氯
B2F	T1	21.02± 1.37a	17.19± 1.52a	3.45± 0.22b	2.94± 0.16a	2.19± 0.04a	0.70± 0.13a
	T2	19.86± 1.14a	15.81± 1.27a	3.90± 0.13a	3.01± 0.11a	2.14± 0.06a	0.71± 0.24a
	T3	20.82± 1.74a	15.93± 1.67a	3.95± 0.27a	2.88± 0.13a	1.92± 0.19bc	0.27± 0.12b
	CK	18.08± 1.17a	15.94± 1.61a	3.43± 0.24b	3.07± 0.17a	1.78± 0.04c	0.26± 0.09b
C3F	T1	22.51± 2.48b	18.07± 1.99b	3.68± 0.11a	2.75± 0.16a	2.39± 0.06a	0.71± 0.14a
	T2	28.77± 1.85a	18.79± 2.53b	2.65± 0.21c	2.63± 0.28a	2.77± 0.11a	0.67± 0.04a
	T3	30.56± 1.83a	23.27± 2.51ab	2.62± 0.21c	2.59± 0.28a	1.97± 0.08b	0.27± 0.13b
	CK	29.18± 0.94a	26.84± 1.12a	3.09± 0.31b	2.23± 0.09b	1.69± 0.15c	0.44± 0.09b

（6）对养分利用效率的影响

①对氮利用效率的影响。

N-FAE、N-HI、N-FUE、N-LPE 从不同角度反映了烤烟对氮肥的利用效率。
由图 4-14 可知，从氮肥生产效率看，粉垄（T1、T2、T3）组的 N-LPE 显著高于 CK
组。从氮收获率看，不同处理组的 N-HI 差异不显著，而 T2、CK 组的 N-FAE、
N-FUE 显著高于 T1、T3 组。这说明粉垄可提高氮肥生产效率。

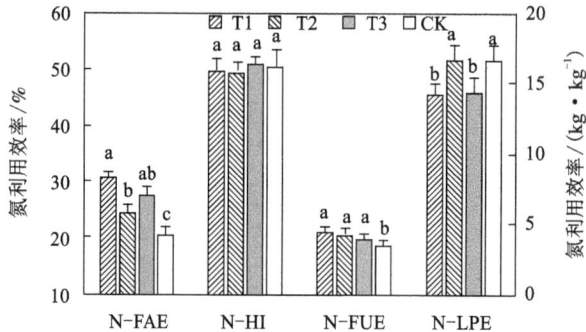

N-FAE(氮肥吸收效率,%);N-FUE(氮利用效率,kg/kg);
N-LPE(氮烟叶生产效率,%);N-HI(氮收获指数,%)。

图4-14　粉垄对氮利用率的影响

②对磷利用效率的影响。

P-FAE、P-HI、P-FUE、P-LPE从不同角度反映了烤烟对磷肥的利用效率。由图4-15可知,从磷肥生产效率看,粉垄组(T1、T2、T3组)的P-LPE显著高于CK组,随着粉垄深度的增加(T3组至T1组),P-FAE、P-FUE也增加。从磷利用效率看,粉垄(T1、T2、T3组)的P-FAE、P-FUE显著低于CK组;P-HI以T3组最高,其次是CK组,T1、T2组相对较低。可见,粉垄可提高磷肥的生产效率,但粉垄深度为40~50 cm时磷利用效率在移栽后60 d反而较低,说明适当宜深度的粉垄可提高磷的利用效率。

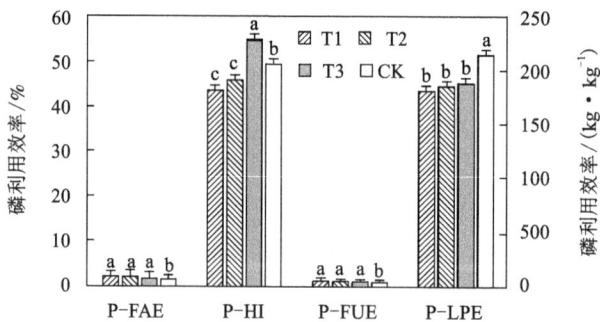

P-FAE(磷肥吸收效率,%);P-FUE(磷利用效率,kg/kg);
P-LPE(磷烟叶生产效率,%);P-HI(磷收获指数,%)。

图4-15　粉垄对磷利用率的影响

③对钾利用效率的影响。

K-FAE、K-HI、K-FUE、K-LPE 从不同角度反映了烤烟对钾肥的利用效率。由图 4-16 可知，从钾肥生产效率看，粉垄组(T1、T2、T3 组)的 K-LPE 显著高于CK 组，随着粉垄深度增加(T3 组至 T1 组)，K-LPE 也增加。从钾利用效率看，粉垄组(T1、T2、T3 组)的 K-FUE 显著低于 CK 组；T3、CK 组的 K-HI 显著高于T1、T2 组。可见，粉垄可提高钾肥的生产效率，但粉垄深度为 40～50 cm 时，钾利用效率在移栽后 60 d 反而较低，这可能与根系较为发达、积累钾素比例较大有关。

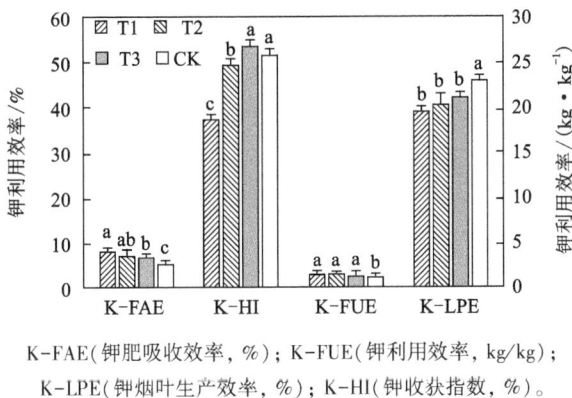

K-FAE(钾肥吸收效率，%)；K-FUE(钾利用效率，kg/kg)；
K-LPE(钾烟叶生产效率，%)；K-HI(钾收获指数，%)。

图 4-16　粉垄对钾利用率的影响

4.1.3　小结

①山地植烟土壤可通过粉垄处理改良土壤，降低土壤密度，增加土壤孔隙度，提高土壤 pH 的均匀度，有利于提高酸性土壤改良效果，促进烤烟根系和地上部分生长，粉垄深度越大越有利于根系下扎。

②粉垄可提高土壤有机质、碱解氮、有效磷和速效钾含量，提高土壤养分的有效性，提高氮磷钾肥料的生产效率，为优质烤烟生产提供良好的土壤环境。

③粉垄有利于烤烟干物质、氮、磷、钾、烟碱、氯的积累；烤烟物质积累主要分配给烟叶，但不同深度的粉垄耕作生产的烤烟物质积累与分配存在差异，粉垄深度为 40～50 cm 有利于干物质、氮、磷、钾向根系分配，粉垄深度为50 cm 有利于烟碱、氯向根系分配。适宜深度的粉垄有利于提高烟叶产量和产值，以粉垄深度 40 cm 为佳。

4.2　土壤粉垄后烤烟施氮量研究

4.2.1　材料与方法

（1）试验材料

试验于 2019—2020 年在湖南省花垣县科技示范园（28.53°N，109.45°E）进行。试验地前茬为水稻，土壤为黄壤发育的水稻土；0~20 cm 深度的基础土壤数据：pH 为 5.27，有机质含量为 17.01 g/kg，碱解氮含量为 83.75 mg/kg，有效磷含量为 16.06 mg/kg，速效钾含量为 106.46 mg/kg。烤烟品种为云烟 87。石灰为市售熟石灰，施用量为 2250 kg/hm²。垂直深旋耕起垄机由湖南田野现代智能装备有限公司生产，旋耕机、微型起垄机由合作社提供。

（2）试验设计

试验设 4 个处理组。T1 组常规耕作常规施肥；T2 组粉垄后常规施肥；T3 组粉垄后减氮 10%；T4 组粉垄后减氮 20%。

4.2.2　结果与分析

（1）对烟株理化性质的影响

①对根系的影响。

从图 4-17 可看出，粉垄可促进根系生长，但减氮 20% 的处理组根系发育不及对照组。

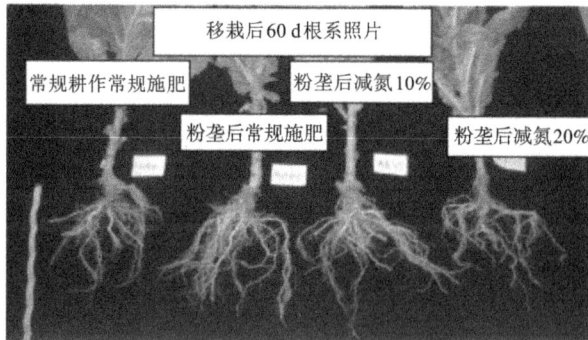

图 4-17　大田根系图

②对农艺性状的影响。

由表 4-5 可知, T2 组烟株的株高, 茎围, 上、中、下部叶面积等指标较好。从粉垄处理组看, 不减氮处理的 T2 组株高和有效叶数较大, 减氮 10% 处理的 T3 组茎围、叶面积较大, 而 T4 组较小。这说明减氮 20% 可能影响烤烟产量。

表 4-5　烤烟移栽后 75 d 农艺性状

处理组	株高/cm	茎围/cm	有效叶/片	上部叶面积/cm²	中部叶面积/cm²	下部叶面积/cm²
T1	118.89	9.24	15.89	1008.06	1497.95	1534.14
T2	122.33	9.69	14.56	1121.83	1601.25	1623.81
T3	118.11	9.37	14.78	1068.10	1484.30	1552.73
T4	114.17	8.87	14.44	972.61	1341.19	1470.48

③对干物质积累的影响。

从表4-6可知，粉垄处理组干物质质量高于不粉垄处理组，以T3处理组的干物质质量最大。

表4-6 移栽后60 d干物质质量

处理组	干物质质量/g			
	根	茎	叶	合计
T1	14.67	28.74	72.63	116.04
T2	29.34	38.03	75.07	142.44
T3	33.21	44.02	111.85	189.08
T4	28.01	41.12	80.69	149.83

（2）对烤烟经济性状的影响

由表4-7可知，从产量和产值看，粉垄处理组的产量均低于未粉垄处理组，T1、T2、T3组产量显著高于T4组。从优质烟比例看，T2、T3组显著高于T1、T4组。均价差异不显著。以上说明，粉垄、减施氮肥20%的处理组，其烟叶的产量和产值均有所下降。但减氮10%的处理还是可行的。

表4-7 烤烟经济性状

处理组	产量/(kg·hm⁻²)	产值/(元·hm⁻²)	上等烟比例	中等烟比例/%	均价/(元·kg⁻¹)
T1	2298.15a	52633.70a	15.33b	47.87b	22.90a
T2	2287.04a	51802.96a	18.00a	52.40a	22.65a
T3	2151.85a	50396.11a	17.33a	54.00a	23.39a
T4	2083.33b	47747.04b	15.33b	51.70a	22.93a

4.2.3 小结

①粉垄改良了土壤，但对于土壤肥力较低的山地土壤，减施氮肥会使烟叶长势较弱，产量下降。

②对于土壤肥力丰富的山地土壤减氮20%，其烟叶的产量和产值均会下降，但减氮10%的处理是可行的。

4.3　垂直深旋耕配施改土物料绿色重构耕作层效应

大田作物生产的前提是拥有良好的土壤。山地土壤酸化、有机质低、耕层浅等问题，已成为作物增产提质的制约因素。酸性土壤改良常用石灰、煤炭灰、碱渣等碱性无机改良剂直接中和酸度的办法，但长期和大量施用这些无机改良剂会导致土壤板结，土壤镁、钾缺乏，以及土壤磷有效性下降。将无机改良剂与有机肥、秸秆、农林废弃物、种植绿肥等有机改良剂配合施用，可同时实现土壤酸度改良与土壤肥力提升。有机和无机改良剂配合施用虽表现出良好的互补性，但改良剂在土壤中的移动性差，仅能对 20 cm 以上表层土壤进行酸度和综合肥力的提升，对 20 cm 以下的表下层和底层土壤基本无效，不利于深根系作物生长发育。垂直深旋耕可利用立式螺旋形钻头深耕、深松、碎土，无机和有机改良剂配合组成改土物料可实现酸性土壤改良与培肥，将两者结合起来可实现表层与表下层土壤酸度改良同步、酸性土壤改良与培肥同步，但相关研究报道较少。据此，采用双因素裂区试验探讨垂直深旋耕机械与多物料改土相结合对土壤理化性质和烤烟根系生长、农艺性状、经济性状、化学成分的影响，为山地酸性土壤可持续改良提供参考。

4.3.1　材料与方法

（1）试验材料

试验于 2019 年在湖南省慈利县高峰镇进行（29.44°N，110.92°E）。该地海拔 800 m，年均气温 16.8 ℃，年活动积温 5200 ℃，年降水量 1390 mm，无霜期 268 d，年日照时数 1563 h，属亚热带季风山地湿润气候区。试验地土壤为棕壤土，pH 为 5.04，有机质含量为 19.42 g/kg，碱解氮含量为 90.45 mg/kg，有效磷含量为 7.21 mg/kg，速效钾含量为 123.55 mg/kg。烤烟品种为云烟 87。石灰为市场上购买的熟石灰（主要成分为氢氧化钙），施用量为 2250 kg/hm²；绿肥为燕麦鲜草（全氮、全磷、全钾含量分别为 2.65%、2.34%、2.32%），施用量为 7500 kg/hm²；酸性生物有机肥为某商品肥，pH 6，$w(N)+w(P_2O_5)+w(K_2O)\geqslant$ 8%，有机质含量≥45%，有效活菌数≥0.5 亿/g，施用量 450 kg/hm²；碱性生物有机肥为内蒙古羊厩肥+复合益生菌配制，pH 为 8，$w(N)+w(P_2O_5)+w(K_2O)\geqslant$ 5%，有机质含量≥45%，有效活菌数≥0.2 亿/g，施用量为 450 kg/hm²。

（2）试验设计

试验采用双因素裂区设计，主区 A 分为不同耕作方式，设 A1 为垂直深旋耕，A2 为传统耕作；副区 B 采用不同改土物料，设 B1 为不施改土物料，B2 为施用石灰，B3 为施用石灰+绿肥，B4 为施用石灰+绿肥+酸性生物有机肥，B5 为施用石灰+绿肥+碱性生物有机肥。3 次重复试验,小区面积为 80 m^2,副区随机排列。垂直深旋耕机选用湖南田野现代智能装备有限公司的可实现垂直深旋耕和起垄的一体机,该机采用 4 根垂直轴旋切粉碎土壤,土壤翻耕和起垄一次性作业完成,垄幅为 120 cm,垂直旋耕深度为 40 cm,垄高 35 cm;该机械不打破耕作层,但可将石灰、绿肥在 0~20 cm 深的耕层搅拌均匀,同时可将部分石灰渗漏至已翻耕的较深耕层。传统耕作采用小型拖拉机带旋耕机旋耕作业,微型机械起垄,土壤翻耕和起垄分 2 次作业完成,垄幅 120 cm,翻耕深度为 15~20 cm,垄高 35 cm。石灰、绿肥、有机肥施用量参照以往研究。在烤烟移栽前 15 d,将燕麦绿肥和石灰均匀撒施在试验地表面,按试验设计要求翻地和起垄。生物有机肥于移栽前与烟草专用基肥一起条施。烤烟施氮量为 109.5 kg/hm^2,氮、磷、钾含量比例为 1:1.27:2.73,各处理组氮、磷、钾施肥含量保持一致,其中 B3、B4、B5 处理组添加的绿肥、生物有机肥养分量通过减少基肥中复合肥施用量进行调节。烤烟种植密度为 16650 株/hm^2(1.2 m×0.5 m)。其他栽培管理措施同张家界优质烤烟生产技术规程。

(3)主要检测指标及方法

①土壤理化特性测定:烤烟收获后,于每个处理组选择 5 个点,在垄中间的两烟株之间采集深度为 0~20 cm 的耕层土壤,制成混合土样。采用环刀法测定土壤密度和孔隙度[14];土壤 pH 采用电位法测定(水土质量比为 1:1);土壤有机质、碱解氮、速效磷、速效钾含量分别采用重铬酸钾容量法、碱解扩散法、碳酸氢钠浸提–钼锑抗比色法、醋酸铵浸提–火焰光度法测定。在翻耕前(FT)和移栽后 30 d 选择 A1B2、A1B3、A2B2、A2B3 处理,在两烟株之间的垄中间采用土壤原位取样器钻取 50 cm 深的土柱(直径 7 cm),并分切成深度为 0~10 cm、10~20 cm、20~30 cm、30~40 cm、40~50 cm 的土柱以测定土壤 pH。

②根系形态指标测定:烤烟移栽 120 d 后从每个处理组选择 5 株烤烟,采用植物根系取样器在离烟株 10 cm 的垄体中部和垄侧各取 2 个土柱(深度 20 cm,直径 10 cm)。用水浸泡土柱,使根土分离并冲洗干净,用网筛承接根系,尽量保持根系完整。采用 LA-2400 多参数根系分析系统,测定根长、根表面积、根体积、根平均直径及根尖数。

③烤烟生长指标调查:从每个处理组选定 5 株烟进行观察,于移栽后 60 d,按照标准《烟草农艺性状调查测量方法》(YC/T 142—2010)测定株高、茎围、叶片数、最大叶长、最大叶宽等。叶面积=叶长×叶宽×0.6345。

④烤烟经济性状考察:每个处理组烟叶均采用单采、单烤处理,由分级专家分级后,考察上等烟比例、中等烟比例、均价、产量、产值等烟叶经济性状。

⑤烟叶化学成分测定:从各处理组选取具有代表性的 C3F 等级烟叶,采用荷兰 SKALARSan++间隔流动分析仪测定总糖、还原糖、烟碱、总氮、氯含量,用火焰光度法测定烟叶钾含量。

（4）数据处理

采用 SPSS 20.0 软件中 analyze 菜单里的 general linear model 的 univariate 命令进行裂区统计分析。用新复极差法进行多重比较，英文小写字母表示差异在0.05 水平，英文大写字母表示差异在 0.01 水平。当方差分析鉴定为显著性差异时，引入 pEta2 值，其大小用来比较耕作方式（A）、改土物料种类（B）及其互作（A×B）对评价指标的影响。

4.3.2　结果与分析

（1）耕层土壤 pH 垂直变化

由图 4-18 可知，从深度为 0~50 cm 的土柱看，随着土柱深度增加，土壤 pH下降；A1B3、A2B3、A1B2、A2B2、FT 组的土柱的 pH 变化分别为 6.44~5.28、6.32~4.95、6.43~5.24、6.30~5.06、5.08~4.91，土柱 pH 极差值分别为 1.16、1.37、1.19、1.24、0.17，变异系数分别为 10.45%、15.94%、9.85%、13.43%、4.37%；垂直深旋耕组（A1B3、A1B2 组）土柱的土壤 pH 极差、变异系数小于传统耕作组（A2B3、A2B2 组），说明垂直深旋耕的土壤 pH 均匀度大于传统耕作的土壤，这主要是因为立式螺旋形钻头切削土壤，有利于石灰、绿肥与耕作层土壤充分混匀。从不同处理方式看，在同一个深度，"绿肥 + 石灰"处理组（A1B3、A2B3 组）与"石灰"处理组（A1B2、A2B2 组）的土壤 pH 差异不显著，但它们的 pH均显著高于 FT 组；在 0~20 cm 深度，垂直深旋耕处理的土壤 pH 与传统耕作处理的土壤 pH 差异不显著，但在 20~50 cm 深度，垂直深旋耕处理的土壤 pH 显著高于传统耕作处理的土壤 pH，这主要是由于垂直深旋耕可加深耕层，使部分石灰渗漏至较深土层。可见，垂直深旋耕加深了耕作层，提高了土壤调酸效果，特别有利于表下层土壤酸度的改良。

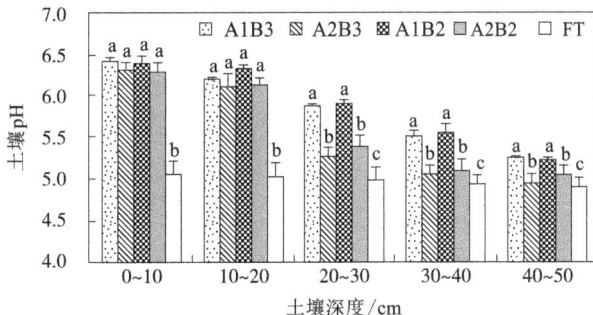

图 4-18　土壤 pH 垂直变化

（2）对土壤理化特性的影响

由表 4-8 可知，从不同耕作方式（A）看，垂直深旋耕（A1）可降低土壤密度，提高土壤孔隙度和 pH，提高土壤碱解氮、有效磷、速效钾含量。从不同改土物料（B）看，单施石灰（B2）可提高土壤 pH，提高有机质、有效磷、速效钾含量，对土壤密度、孔隙度、碱解氮含量没有显著影响；"石灰+绿肥"（B3）可降低土壤密度，提高土壤 pH，提高土壤有机质、碱解氮、有效磷、速效钾含量；"石灰+绿肥+生物有机肥"可降低土壤密度，提高土壤孔隙度和 pH，提高土壤有机质、碱解氮、有效磷、速效钾含量；施用碱性生物有机肥（B5）较施用酸性有机肥（B4）更有利于提高土壤 pH。从耕作方式和改土物料组合看，A1B5、A1B4、A1B3 对土壤密度、孔隙度等物理特性改良效果较好；A1B5 对提高土壤 pH 的效果较好；A1B5、A1B4 对提高土壤有机质、碱解氮、有效磷、速效钾的含量效果较好。从不同因子的效应量估算值（pEta^2）看，耕作方式（pEta^2 平均值为 0.969）对土壤理化特性的影响最大，其次是改土物料（pEta^2 平均值为 0.931），两者的互作（pEta^2 平均值为 0.652）影响相对较小。从对不同土壤理化特性指标的效应量估算值看（处理组间差异显著，pEta^2 平均值相对较大），耕作方式对土壤密度、土壤孔隙度、土壤碱解氮及土壤速效钾的含量影响较大，改土物料对土壤 pH 和土壤有机质、土壤有效磷、土壤速效钾含量影响较大，但两者互作（A×B）对土壤速效钾含量、土壤 pH 的影响较大。可见，土壤理化特性主要受耕作方式和改土物料的影响，也受其互作的影响，"垂直深旋耕+石灰+绿肥+生物有机肥"和"垂直深旋耕+石灰+绿肥"的处理方式有利于酸性土壤改良。

表 4-8　不同处理方式对 0~20 cm 深的土壤理化特性的影响

处理方式及效应量估算值	土壤密度/(g·cm^{-3})	土壤孔隙度/%	土壤 pH	有机质含量/(g·kg^{-1})	碱解氮含量/(mg·kg^{-1})	有效磷含量/(mg·kg^{-1})	速效钾含量/(mg·kg^{-1})
A1	1.15± 0.04b	58.11± 0.41a	5.36± 0.53a	24.26± 2.20a	159.01± 12.18a	19.32± 7.87a	293.59± 85.80A
A2	1.27± 0.04a	54.89± 1.10b	5.20± 0.42a	23.40± 2.15a	146.97± 10.17b	16.61± 8.43a	238.00± 50.11B
B1	1.25± 0.09a	55.79± 1.11b	4.51± 0.03D	20.69± 0.63C	142.71± 10.95C	7.49± 0.45D	175.89± 9.36C
B2	1.24± 0.07a	55.73± 1.42b	5.21± 0.07C	22.98± 0.72B	146.36± 11.32BC	10.89± 1.41C	223.34± 25.41B

续表4-8

处理方式及效应量估算值	土壤密度/(g·cm⁻³)	土壤孔隙度/%	土壤 pH	有机质含量/(g·kg⁻¹)	碱解氮含量/(mg·kg⁻¹)	有效磷含量/(mg·kg⁻¹)	速效钾含量/(mg·kg⁻¹)
B3	1.20±0.10b	56.67±1.43ab	5.33±0.06B	23.40±0.23B	151.97±8.23AB	20.89±1.28B	264.76±9.62A
B4	1.18±0.08c	57.26±1.56a	5.44±0.11B	25.50±0.54A	156.53±3.57A	24.22±3.13AB	298.96±41.17A
B5	1.17±0.08c	57.05±1.84a	5.92±0.23A	26.59±0.92A	167.38±12.26A	26.99±0.78A	366.03±67.24A
A1B1	1.19±0.01c	57.99±0.57ab	4.53±0.03F	21.24±0.11e	151.89±5.40b	7.95±0.82 d	184.27±1.16F
A1B2	1.21±0.02bc	57.44±0.90ab	5.27±0.02DE	23.53±0.49c	151.82±13.77b	13.06±0.32c	246.31±4.54D
A1B3	1.13±0.02 d	58.39±0.56a	5.37±0.05D	23.46±0.33c	155.19±9.12b	21.99±0.49b	273.47±1.54D
A1B4	1.12±0.03 d	58.36±0.23a	5.53±0.03C	25.71±0.65b	158.65±3.89b	26.54±1.02a	336.52±1.01B
A1B5	1.11±0.01 d	58.35±0.51a	6.12±0.03A	27.36±0.16a	177.51±5.72a	27.03±0.97a	427.4±1.53A
A2B1	1.32±0.01a	53.58±0.32c	4.49±0.01F	20.13±0.27f	133.54±4.25c	7.03±0.89 d	167.51±2.66G
A2B2	1.30±0.01a	54.02±0.29c	5.15±0.03E	22.42±0.38 d	140.91±6.46bc	8.73±0.60 d	200.37±3.24E
A2B3	1.27±0.05ab	54.95±1.84bc	5.29±0.04DE	23.35±0.12c	148.75±7.43b	19.79±0.49b	256.04±1.01D
A2B4	1.24±0.02b	56.16±0.72b	5.35±0.06D	25.28±0.41b	154.41±1.78b	21.89±2.67b	261.40±2.10D
A2B5	1.25±0.04b	57.11±0.41ab	5.71±0.01B	25.82±0.54b	157.24±5.89b	26.94±0.76a	304.66±1.54C
pEta$_A^2$	1.000	0.997	0.994	0.928	0.902	0.962	0.999

续表4-8

处理方式及效应量估算值	土壤密度/(g·cm⁻³)	土壤孔隙度/%	土壤pH	有机质含量/(g·kg⁻¹)	碱解氮含量/(mg·kg⁻¹)	有效磷含量/(mg·kg⁻¹)	速效钾含量/(mg·kg⁻¹)
$pEta_B^2$	0.914	0.902	0.997	0.985	0.729	0.988	1.000
$pEta_{AB}^2$	0.646	0.745	0.865	0.504	0.260	0.546	0.995

（3）对烤烟根系的影响

由表4-9可知，从耕作方式看，A1较A2可提高烤烟根系长度、表面积、体积和根尖数，但不同耕作方式的根系平均直径差异不显著。从不同改土物料看，B5的烤烟根系长度、表面积、体积和根尖数最大；B4与B3的烤烟根系形态指标差异不显著，但它们均显著高于B2和B1（根系平均直径除外）；B2的烤烟根系长度和根系表面积显著高于B1。从耕作方式和改土物料组合看，A1B5的烤烟根系形态指标值最高，A1B4、A1B3、A2B5、A2B1、A1B1相对较低。从不同因子的$pEta^2$看，A（$pEta^2$平均值为0.743）对烤烟根系形态指标的影响最大，其次是A×B（$pEta^2$平均值为0.501），B（$pEta^2$平均值为0.318）对烤烟根系形态指标的影响相对较小；耕作方式和改土物料对烤烟平均直径的影响相对较小。可见，烤烟根系主要受耕作方式的影响，其次是耕作方式与改土物料互作；总体上看，"垂直深旋耕+石灰+绿肥+碱性生物有机肥"的处理方式更有利于烤烟根系发育，其次是"垂直深旋耕+石灰+绿肥+酸性生物有机肥"和"垂直深旋耕+石灰+绿肥"的处理方式。

表4-9 不同处理方式对烤烟根系形态指标的影响

处理方式及效应量估算值	长度/cm	表面积/cm²	体积/cm³	平均直径/mm	根尖数/个
A1	257.65±14.36a	81.16±5.03a	2.12±0.07a	1.03±0.23a	789±37a
A2	182.32±39.74b	60.30±5.29b	1.60±0.52b	1.05±0.12a	624±23b

续表4-9

处理方式及效应量估算值	长度/cm	表面积/cm²	体积/cm³	平均直径/mm	根尖数/个
B1	133.36±10.45 d	45.66±8.53 d	1.25±0.37c	1.09±0.12a	511±104c
B2	170.60±6.58c	58.53±7.04c	1.62±0.45c	1.10±0.18a	541±55c
B3	214.71±36.08b	77.31±10.36b	2.27±1.36ab	1.13±0.26a	661±88b
B4	249.84±74.52ab	64.08±5.26b	1.84±0.18b	0.84±0.28a	783.5±75ab
B5	331.44±38.71a	108.08±36.64a	2.82±0.73a	1.06±0.09a	1038±172a
A1B1	140.75±12.86e	51.69±4.23 d	1.51±0.22 d	1.17±0.09a	437±89 d
A1B2	175.25±15.21 d	53.58±5.09cd	1.30±0.83e	0.97±0.06a	722±76b
A1B3	240.22±25.88c	98.77±8.25b	2.83±0.45a	1.31±0.12a	577±112c
A1B4	302.53±35.01b	67.80±6.42c	1.21±0.44e	0.71±0.10a	1049±104a
A1B5	429.52±23.09a	133.98±2.55a	2.93±0.21a	0.99±0.22a	1160±90a
A2B1	125.97±13.46f	39.63±2.10e	0.99±0.62f	1.00±0.08a	585±45c
A2B2	165.94±21.43 d	63.48±4.56c	1.93±0.52c	1.22±0.11a	360±68e
A2B3	189.20±16.32 d	55.84±9.28cd	1.31±0.31e	0.94±0.10a	745±56b
A2B4	197.14±18.22 d	60.36±5.42c	1.47±0.48e	0.97±0.07a	518±52c
A2B5	233.36±15.05c	82.17±5.06b	2.30±0.29b	1.12±0.09a	916±125a

续表4-9

处理方式及效应量估算值	长度/cm	表面积/cm²	体积/cm³	平均直径/mm	根尖数/个
$pEta_A^2$	0.964	0.798	0.628	0.421	0.903
$pEta_B^2$	0.431	0.367	0.268	0.118	0.404
$pEta_{AB}^2$	0.520	0.582	0.439	0.340	0.622

（4）对烤烟农艺性状的影响

由表4-10可知，A1的株高、叶片数、叶长、叶宽、叶面积高于A2，但茎围低于A2。从不同改土物料看，株高以B3最高，B3、B4的株高显著高于B1；茎围以B5最大，B5、B2的茎围显著大于B1；叶片数差异不显著；叶长以B4最大，B2、B4的叶长显著大于B1；叶宽和叶面积以B4最大，B4、B5的叶宽显著大于B1。从耕作方式和改土物料组合看，A1B3、A1B4、A1B5的株高相对较高，A2B5、A2B2的茎围相对较大，A1B2、A1B3、A1B5、A2B4的叶片数相对较多，A1B4的叶长、叶宽和叶面积相对较大。从不同因子的pEta²看，A对烤烟农艺性状影响最大，B对烤烟株高、茎围和叶长的影响要大于A×B，但对叶片数、叶宽、叶面积的影响小于A×B，A和B对烤烟茎围的影响相对较小。总体上看，"垂直深旋耕+石灰+绿肥+酸性生物有机肥"的处理方式更有利于烤烟地上部生长，其次是"垂直深旋耕+石灰+绿肥+碱性生物有机肥"和"垂直深旋耕+石灰+绿肥"的处理方式。

表4-10　不同处理方式对烤烟农艺性状的影响

处理方式及效应量估算值	株高/cm	茎围/cm	叶片数/片	叶长/cm	叶宽/cm	叶面积/cm²
A1	119.97± 2.62A	8.46± 0.20b	17.20± 0.76a	79.02± 1.73a	29.53± 0.22a	1484.83± 24.92A
A2	109.30± 3.37B	8.66± 0.40a	16.48± 0.71b	76.84± 1.65b	28.23± 1.93b	1377.20± 14.67B
B1	111.61± 6.82C	8.45± 0.24BC	16.40± 0.52a	75.41± 5.05C	27.54± 2.10CD	1320.44± 159.63C

续表4-10

处理方式及效应量估算值	株高/cm	茎围/cm	叶片数/片	叶长/cm	叶宽/cm	叶面积/cm²
B2	114.45±3.19ABC	8.70±0.33AB	16.80±0.92a	79.36±1.88AB	27.08±1.27D	1363.76±76.23C
B3	117.07±8.44A	8.40±0.25C	17.00±0.94a	76.41±2.07BC	28.61±2.17BC	1387.19±113.85BC
B4	116.25±6.34AB	8.45±0.25BC	16.90±0.74a	81.82±3.09A	31.39±3.80A	1634.69±248.26A
B5	113.80±5.87BC	8.81±0.38A	17.10±0.88a	76.64±2.44BC	29.78±1.07B	1448.98±87.32B
A1B1	117.80±1.41B	8.54±0.23BC	16.60±0.55ab	79.52±3.65b	29.16±1.77B	1468.48±47.32B
A1B2	116.66±2.60B	8.46±0.15C	17.60±0.55a	77.86±1.28bc	26.76±0.86BC	1321.62±32.21CD
A1B3	124.42+3.09A	8.32+0.13C	17.80+0.45a	76.28+2.81bc	26.66+0.69BC	1289.89+44.72CD
A1B4	122.08±1.69A	8.48±0.33C	16.40±0.55ab	84.12±2.49a	34.92±0.64A	1864.12±75.27A
A1B5	118.88±2.46AB	8.52±0.08BC	17.60±0.55a	77.32±2.62bc	30.16±0.72B	1480.02±72.17B
A2B1	105.42±2.64E	8.36±0.24C	16.20±0.45ab	71.30±1.35c	25.92±0.48C	1172.39±17.31D
A2B2	112.24±2.00C	8.94±0.27AB	16.00±0.02b	80.86±0.84b	27.40±1.63BC	1405.91±87.17BC
A2B3	109.72±3.95D	8.48±0.33C	16.20±0.45ab	76.54±1.29bc	30.56±0.80B	1484.49±59.13B
A2B4	110.42±1.64C	8.42±0.18C	17.40±0.55a	79.52±1.41b	27.86±0.95BC	1405.26±37.63BC
A2B5	108.72±2.63D	9.10±0.32A	16.60±0.89ab	75.96±2.31bc	29.40±1.30B	1417.95±97.66B

续表4-10

处理方式及效应量估算值	株高/cm	茎围/cm	叶片数/片	叶长/cm	叶宽/cm	叶面积/cm²
$pEta_A^2$	0.974	0.591	0.831	0.761	0.820	0.874
$pEta_B^2$	0.520	0.447	0.230	0.631	0.751	0.822
$pEta_{AB}^2$	0.446	0.400	0.546	0.541	0.807	0.847

（5）对烤烟经济性状的影响

由表4-11可知，A1的均价、产量、产值显著高于A2，但不同耕作方式的上等烟比例、上中等烟比例差异不显著。从不同改土物料看，B3、B4、B5的上等烟比例、均价、产量、产值差异不显著，但它们显著高于B1、B2；B2的上等烟比例、上中等烟比例、产量、产值显著高于B1。从耕作方式和改土物料组合看，A1B3、A1B4、A1B5、A2B3、A2B4、A2B5的上等烟比例、上中等烟比例、均价相对较高，A1B3、A1B4、A1B5的产量和产值相对较高。从不同因子的$pEta^2$看，A对上中等烟比例、均价、产量、产值的影响较大，B对上等烟比例影响最大，A×B对烤烟经济性状的影响相对较小。可见，改土物料主要影响质量指标，耕作方式主要影响产量和产值指标；总体上看，"垂直深旋耕+石灰+绿肥+酸性生物有机肥"处理的烤烟经济性状最好，其次是"垂直深旋耕+石灰+绿肥+碱性生物有机肥"和"垂直深旋耕+石灰+绿肥"的处理方式。

表4-11　不同处理方式对烤烟经济性状的影响

处理方式及效应量估算值	上等烟比例/%	上中等烟比例/%	均价/(元·kg⁻¹)	产量/(kg·hm⁻²)	产值/(元·hm⁻²)
A1	38.91±5.10a	87.69±1.69a	23.76±1.35a	2300.77±130.16a	54794.62±5880.82a
A2	36.78±4.48a	84.54±1.48b	22.64±1.21b	2193.85±127.48b	49789.54±5424.11b
B1	31.02±1.25C	80.96±1.62C	21.74±0.84B	2063.46±52.31C	44899.62±2837.71C

续表4-11

处理方式及效应量估算值	上等烟比例/%	上中等烟比例/%	均价/(元·kg⁻¹)	产量/(kg·hm⁻²)	产值/(元·hm⁻²)
B2	34.50± 1.37B	83.81± 1.78B	21.86± 0.60B	2155.77± 85.97B	47139.62± 2727.88B
B3	38.95± 1.09A	87.92± 1.75A	23.98± 0.69A	2363.46± 77.53A	56695.77± 3352.56A
B4	41.79± 1.79A	88.10± 3.49A	24.03± 1.09A	2334.62± 105.56A	56194.23± 5082.16A
B5	42.95± 1.99A	89.80± 1.55A	24.38± 0.66A	2319.23± 7.69A	56531.16± 1680.37A
A1B1	31.76± 1.20c	82.30± 0.68b	22.46± 0.16b	2107.69± 10.88 d	47340.77± 562.42 d
A1B2	35.29± 1.61b	85.11± 1.61ab	22.08± 0.93b	2223.08± 21.76c	49085.39± 2546.67c
A1B3	39.78+ 0.85a	89.39+ 0.50a	24.54+ 0.34a	2426.93+ 38.08a	59553.08+ 109.88a
A1B4	43.34± 0.09a	90.94± 1.24a	24.95± 0.35a	2423.08± 32.63a	60446.93± 1650.28a
A1B5	44.37± 0.93a	90.73± 0.93a	24.78± 0.45a	2323.08± 30.00b	57546.93± 1036.72ab
A2B1	30.29± 1.05c	79.62± 0.43c	21.03± 0.21b	2019.23± 16.32e	42458.46± 67.44f
A2B2	33.71± 0.71b	82.50± 0.24b	21.65± 0.22b	2088.46± 59.84 d	45193.85± 833.30e
A2B3	38.13± 0.36a	86.46± 0.58ab	23.41± 0.23a	2300.00± 21.75b	53838.47± 1024.76bc
A2B4	40.24± 0.14a	85.26± 1.67ab	23.12± 0.35a	2246.16± 32.63c	51941.54± 1555.63c
A2B5	41.53± 1.69a	88.87± 1.70a	23.98± 0.67a	2315.39± 10.88b	55515.39± 1808.02b
pEta$_A^2$	0.924	0.999	1.00	0.994	0.998

续表4-11

处理方式及效应量估算值	上等烟比例/%	上中等烟比例/%	均价/(元·kg^{-1})	产量/(kg·hm^{-2})	产值/(元·hm^{-2})
pEta^2_B	0.980	0.949	0.931	0.971	0.969
pEta$^2_{AB}$	0.227	0.430	0.376	0.665	0.573

(6)对烤烟化学成分的影响

由表4-12可知,A1的总糖、氯含量高于A2,但总氮含量低于A2。从不同改土物料看,B3、B4、B5的总糖、还原糖、钾含量相对较高,但总氮含量相对较低。从耕作方式和改土物料组合看,A1B3、A1B4、A1B5、A2B5的总糖、还原糖含量相对较高,A1B1、A2B1的总氮含量相对较高,A1B5的钾含量相对较高,A1B3、A1B4的氯含量相对较高(在适宜范围内)。从不同因子的pEta^{2}看,耕作方式对总糖、总氮和氯含量的影响较大,改土物料对总糖、还原糖、总氮和钾含量的影响较大,两者互作(A×B)对烟叶钾含量的影响最大。可见,改土物料对烟叶化学成分的影响最大,耕作方式及其与改土物料的互作对烟叶的烟碱含量影响相对较小。

表4-12　不同处理对烟叶化学成分的影响

处理方式及效应量估算值	烟叶化学成分含量/%					
	总糖	还原糖	烟碱	总氮	钾	氯
A1	23.84±1.02A	19.66±3.20a	3.06±0.16a	2.13±0.15b	2.35±0.42a	0.35±0.02a
A2	21.96±1.06B	19.09±2.39a	3.08±0.12a	2.30±0.13a	2.22±0.20a	0.32±0.01b
B1	20.07±1.26B	16.71±1.48B	3.19±0.09a	2.61±0.08A	1.96±0.06B	0.34±0.02AB
B2	20.46±0.97B	16.69±1.42B	2.98±0.15a	2.40±0.13A	2.19±0.14B	0.30±0.03B
B3	24.09±3.32A	20.49±2.57A	3.02±0.12a	1.97±0.28B	2.29±0.26AB	0.35±0.06AB

续表4-12

处理方式及效应量估算值	烟叶化学成分含量/%					
	总糖	还原糖	烟碱	总氮	钾	氯
B4	24.43±2.78A	21.04±1.57A	3.05±0.10a	2.07±0.19B	2.33±0.18AB	0.39±0.04A
B5	25.46±1.22A	21.95±1.38A	3.10±0.16a	2.00±0.08B	2.67±0.43A	0.31±0.03B
A1B1	20.36±1.75c	16.87±2.16bc	3.26±0.05a	2.57±0.04A	1.92±0.03D	0.35±0.01ab
A1B2	20.24±1.20c	15.81±1.46c	2.93±0.14a	2.46±0.17AB	2.10±0.06CD	0.29±0.04b
A1B3	26.17±3.76a	22.50±2.01a	3.02±0.18a	1.74±0.13D	2.52±0.06B	0.40±0.05a
A1B4	26.69±2.00a	21.56±1.97a	3.12±0.03a	1.91±0.10C	2.18±0.04C	0.41±0.01a
A1B5	25.75±0.94a	21.55±0.25a	2.99±0.13a	1.97±0.10C	3.05±0.11A	0.30±0.03b
A2B1	19.78±0.81c	16.54±0.84bc	3.13±0.07a	2.66±0.08A	2.00±0.07D	0.33±0.01b
A2B2	20.68±0.88c	17.58±0.77b	3.03±0.17a	2.35±0.08B	2.28±0.13C	0.31±0.03b
A2B3	22.01±0.72b	18.47±0.48b	3.03±0.03a	2.21±0.12B	2.06±0.06D	0.29±0.01b
A2B4	22.18±0.27b	20.52±1.20ab	2.99±0.12a	2.23±0.06B	2.49±0.08B	0.37±0.04ab
A2B5	25.18±1.60a	22.35±2.05a	3.21±0.09a	2.03±0.06C	2.28±0.11C	0.33±0.01ab
$pEta_A^2$	0.983	0.774	0.274	0.904	0.698	0.993
$pEta_B^2$	0.754	0.823	0.396	0.921	0.956	0.649
$pEta_{AB}^2$	0.397	0.477	0.353	0.651	0.946	0.533

4.3.3 小结

①垂直深旋耕配施石灰可提高土壤 pH 和有机质、有效磷、速效钾含量,施用碱性生物有机肥较酸性生物有机肥更有利于提高土壤 pH。

②垂直深旋耕结合石灰、绿肥、生物有机肥可改良酸性土壤,有利于改善土壤物理特性、提高土壤 pH 和养分含量,促进烤烟根系生长,改善烤烟农艺性状,提高烤烟产量和产值,调节烟叶化学成分。

③垂直深旋耕结合无机、有机、生物等多物料可综合协同改良酸性植烟土壤,可实现表层与表下层土壤酸度改良同步、酸性土壤改良与培肥同步,可提高烤烟种植效益。

4.4 垂直深旋耕配施有机碳肥对山地烤烟生长的影响

良好的土壤环境是优质烟叶生产的前提。合理耕作可改善植烟土壤水、肥、气和热状况,有效促进烟田生态系统的良性循环及资源的高效利用,确保烤烟持续增产、增质和增效。目前,烤烟生产采用小型旋耕机械进行耕翻作业,导致土壤出现耕层浅(12~16 cm)、犁底层高、易板结、改良剂分布不均等问题,抑制了烤烟根系生长,导致烟株易早衰、烟叶产量和品质不稳定,严重影响优质烟叶生产。垂直深旋耕(粉垄)是指利用专用机械的垂直钻头对土壤快速扰动,实现土壤深松和碎土,将石灰和绿肥等改良剂充分均匀混入表层土壤和下层土壤,改善土壤环境。聂胜委等研究认为,粉垄耕作能增加小麦和玉米两季作物产量,促进作物对氮的吸收;韦本辉等研究发现,粉垄栽培的甘蔗,根系特别发达,功能叶片数增加,产量提高,品质好;邓小华等研究提出,山地烟区可采用粉垄改良植烟土壤,适宜深度的粉垄有利于提高烟叶产量和产值;邓永晟等的试验表明,垂直深旋耕可加深土壤耕层,改善土壤理化特性,提高改良剂施用效果,促进烤烟生长。近年来,烤烟大量施用氮肥来提高烟叶产量和增加烟农收入,碳氮不平衡已成为作物养分平衡的短板。施用有机碳肥可提高土壤中 N、P、K 等矿质营养元素利用率,已成为补充作物碳素的重要途径。桂丕等研究认为,施用有机碳肥可提高蔬菜碳氮代谢能力,增加株高和茎围,提高单株鲜质量;付红梅等研究发现,有机碳肥的施用能提高油茶林地土壤肥力,增加油茶产量。而将垂直深旋耕和有机碳肥两项技术结合应用在烤烟生产中尚鲜见报道。为此,本书进行垂直深旋耕配施有机碳肥的试验以探究其对烤烟生长、干物质和养分积累、烟叶产量和质量的影响,为湘西山地烟区的酸性植烟土壤保育提供参考。

4.4.1 材料与方法

（1）试验材料

大田试验于 2018—2019 年在湖南省花垣县科技示范园开展。试验点属亚热带季风山地湿润气候区（28°31′35″N，109°27′4″E），海拔 530.0 m，年日照时数 1219.2 h，年降水量 1363.8 mm，年平均气温 15.0 ℃，无霜期 279.0 d。试验地前茬为绿肥，土壤为黄壤，pH 为 5.12，有机质、碱解氮、有效磷、速效钾含量分别为 12.50 g/kg、82.17 mg/kg、12.11 mg/kg、113.34 mg/kg。冬季种植的绿肥品种为箭筈豌豆，翻压量为 7500 kg/hm²。石灰为市售熟石灰，施用量为 1500 kg/hm²。有机碳肥为商用液态有机碳肥（有机碳含量≥150 g/L），每次施用量为 45 kg/hm²。烤烟品种为云烟 87。旋耕机、微型起垄机和垂直深旋耕起垄机均由湖南田野现代智能装备有限公司提供。

（2）试验设计

采用大田随机区组设计。设置 4 个处理组，T1 组采用垂直深旋耕；T2 组采用垂直深旋耕，移栽时施用 1 次液态有机碳肥；T3 组采用垂直深旋耕，移栽时和移栽后 20 d 各施用 1 次液态有机碳肥；CK 组采用传统耕作，不施有机碳肥。每个小区面积为 100 m²。试验重复 3 次。烤烟移栽前 10 d，在绿肥上均匀撒施石灰，然后翻耕和起垄。垂直深旋耕采用垂直深旋耕起垄机一次性完成土壤翻耕和起垄作业，旋耕深度为 35 cm，垄幅为 120 cm，垄高 35 cm。传统耕作方式采用卧式旋耕机旋耕，微型起垄机起垄，分 2 次完成土壤翻耕和起垄作业，翻耕深度为 16 cm，垄幅为 120 cm，垄高 35 cm。液态有机碳肥第 1 次施用是在烤烟移栽时结合定根水浇施，第 2 次施用是在移栽后 20 d 结合追肥浇施。烤烟施氮总量为 109.50 kg/hm²，氮、磷、钾比例为 1∶1.27∶2.73。行距为 1.2 m，株距为 0.5 m，密度为 16650 株/hm²。4 月 28 日移栽，7 月 5 日打顶，有效叶片数为 16~18 片，按照湘西自治州优质烤烟生产技术规程进行。

（3）检测指标及方法

①根系形态指标测定：分别在烤烟移栽后 30 d、60 d 和 90 d，从每个处理组选择 5 株长势均匀一致的植株作为试验采集样株。移栽后 30 d 挖取全株根系作为样株；移栽后 60 d 和 90 d 采用植物根系取样器（直径为 10 cm，高度为 20 cm）取样，在距离烟株 5 cm 的垄体中部（垄脊）和垄体侧边（垄侧）分别采集 1 个土柱（60 d 样株）；在离烟株 8 cm 的垄脊和垄侧分别采集 1 个土柱（90 d 样株）。根系长度、表面积、体积、平均直径及根尖数测定采用 LA-2400 型多参数根系分析系统（加拿大 LEGENTSYS 公司生产）。

②烤烟生长指标调查：按照标准 YC/T 142—2010 中的方法，在每个处理组标记 5 棵烟株，分别于移栽后 30 d、60 d 和 90 d，测定其叶片数、茎围、株高、叶

长和叶宽等。30 d 时测定最大叶生长指标；60 d 时测定下部(第 2~4 叶)、中部(第 6~9 叶)、上部(第 11~13 叶)烟叶生长指标；90 d 时测定中部(第 6~9 叶)和上部(第 12~14 叶)烟叶生长指标。计算叶面积(叶长×叶宽×0.6345)。

③烤烟干物质及全氮、全磷、全钾、烟碱和氯含量(质量分数)测定：于移栽后 70 d，从每个处理组选择 5 棵长势均匀一致的样株，将根、茎、叶分别在 105 ℃杀青 30 min，80 ℃烘干至恒质量后测定干物质质量。植株用 $H_2SO_4-H_2O_2$ 法消煮，采用凯氏定氮法测定全氮含量，采用钼锑抗比色法测定全磷含量[21]，火焰光度法测定全钾含量，采用荷兰 SKALAR San++流动分析仪(荷兰 SKALAR 公司)测定烟碱和氯含量。

氮(磷、钾、烟碱、氯)积累量(mg/株)=[移栽后 70 d 单株干物质质量(g)×103×单株含氮(磷、钾、烟碱、氯)量]/100

干物质(氮、磷、钾、烟碱、氯)分配率=某器官干物质(氮、磷、钾、烟碱、氯)质量/植株干物质(氮、磷、钾、烟碱、氯)总量×100%

④烤烟经济性状调查：各处理组烟叶单独采烤，由烟叶分级高级技师组成的 5 人专家组按照标准分级，并统计上等烟比例、中等烟比例、产量，按当年收购价格计算均价和产值。

⑤烟叶化学成分测定：从各处理组选取具有代表性的 B2F 和 C3F 等级烟叶，用火焰光度法测定烟叶钾含量，用流动分析仪(SKALAR San++，荷兰 SKALAR 公司)测定总糖、还原糖、总氮、烟碱和氯含量(质量分数)，并计算糖碱比、氮碱比和钾氯比。

(4)数据处理

采用 Microsoft Excel 2003 和 SPSS 17.0 软件进行数据处理和统计分析。采用 Duncan's 法进行数据差异显著性检验。

4.4.2 结果与分析

(1)不同处理方法对烤烟生长的影响

①不同处理方法对烤烟地下部分根系生长的影响。

由表 4-13 可知，在烤烟移栽后 30 d，各处理组烟株根系长度、表面积、体积、根尖数由大到小排序为 T3 组>T2 组>T1 组>CK 组，但根系平均直径差异不显著。在烤烟移栽后 60 d，无论是在垄脊还是垄侧，烟株根系长度、表面积、体积、根尖数均表现为 T1、T2 和 T3 组显著大于 CK 组，垄脊的根系平均直径差异不显著，T1 和 T2 组垄侧的根系平均直径显著大于 CK 组。在烤烟移栽后 90 d，从垄脊看，各处理组烟株根系长度、表面积、根尖数均表现为 T1、T2 和 T3 组显著大于 CK 组，T2 和 T3 处理组根系体积显著大于 T1 和 CK 组，处理组间根系平均直径差异不显著；从垄侧来看，T1、T2 和 T3 组烟株根系长度、根尖数显著大于 CK

组，T2 和 T3 组根系体积显著大于 T1 和 CK 组，CK 组烟株根系平均直径显著大于 T1、T2 和 T3 组，不同处理组间根系表面积差异不显著。移栽后 60 d 和 90 d 只对部分根系取样，移栽 60 d 后的样株没有体现深旋耕配施有机碳肥的优势，但在移栽后 90 d T2 和 T3 垄脊和垄侧处理组样株的根体积显著大于 T1 组，这说明 T2 和 T3 组样株的根数量多。根系平均直径不仅与其发育有关，更与土壤紧实度有关，因此，移栽 30 d 和 60 d 后的烟株根系平均直径差异不显著，移栽 90 d 后的垄脊烟株根系平均直径差异也不显著，而移栽 90 d 后 CK 垄侧组样株的根系平均直径最大，这可能是粗根多和细根少的缘故，说明垂直深旋耕可促进烤烟根系生长发育，配施有机碳肥更有利于促进烤烟根系发育，增加根系数量。

表 4-13　不同处理组烤烟根系形态指标比较

移栽后时间/d	处理组	根长/cm	根表面积/cm²	根体积/cm³	根平均直径/mm	根尖数/个
30	T1	508.05±53.51c	407.94±15.64c	20.02±1.24ab	2.08±0.09a	794±34c
	T2	725.16±39.51b	557.34±38.91b	21.78±2.57a	1.94±0.27a	1275±69b
	T3	913.01±24.42a	717.50±18.73a	25.21±2.81a	1.93±0.18a	1504±48a
	CK	475.31±29.49 d	280.63±28.75 d	18.74±1.07b	2.15±0.12a	517±57 d
60	T1-垄脊	663.79±28.14a	237.98±16.47a	4.79±1.73a	1.14±0.16a	998±74a
	T2-垄脊	649.73±12.19a	198.17±10.51a	4.34±0.90a	0.92±0.42a	805±57a
	T3-垄脊	632.99±28.68a	197.57±19.55a	3.83±1.77a	0.82±0.13a	841±48a
	CK-垄脊	554.74±22.65b	170.39±17.73b	2.55±1.15b	0.88±0.47a	514±23b
	T1-垄侧	388.04±11.78a	166.64±16.74a	4.88±0.21a	1.13±0.77a	472±55a
	T2-垄侧	404.70±60.72a	157.10±66.58a	4.85±2.11a	1.24±0.07a	550±42a
	T3-垄侧	335.08±69.97a	158.30±48.45a	4.30±1.70a	0.93±0.18ab	463±49a
	CK-垄侧	249.20±20.77b	74.14±23.53b	1.31±2.18b	0.82±0.05b	343±38b

续表4-13

移栽后时间/d	处理组	根长/cm	根表面积/cm²	根体积/cm³	根平均直径/mm	根尖数/个
90	T1-垄脊	399.15±93.46a	77.49±12.64a	0.79±0.67b	0.77±0.17a	865±26a
	T2-垄脊	456.61±19.96a	96.68±24.08a	1.74±0.65a	0.72±0.12a	986±33a
	T3-垄脊	428.38±17.50a	87.75±19.45a	1.54±0.55a	0.70±0.12a	939±23a
	CK-垄脊	247.11±19.03b	53.69±8.42b	0.61±0.89b	0.73±0.13a	480±32b
	T1-垄侧	345.74±52.23a	66.72±7.98a	0.92±0.30b	0.55±0.09b	621±34b
	T2-垄侧	386.66±20.36a	78.01±12.34a	1.35±0.59a	0.69±0.38b	909±49a
	T3-垄侧	357.86±34.67a	68.26±5.84a	1.17±0.46a	0.69±0.35b	841±48a
	CK-垄侧	266.70±23.01b	64.95±3.82a	1.01±0.56b	1.24±0.45a	410±26c

注：①表中数据为平均值±标准差。
②同列同类数据后的不同小写字母表示差异达到显著($P<5\%$)水平。下同。

由表4-14可知，在烤烟移栽后30 d，T2和T3组烟株株高、茎围、叶片数、最大叶面积显著大于T1和CK组。在烤烟移栽后60 d，T2和T3组烟株株高显著高于T1和CK组，T1、T2和T3组茎围和上部烟叶面积显著大于CK组，T2和T3组中部烟叶面积显著大于CK组，不同处理组间叶片数和下部烟叶面积差异不显著。在烤烟移栽后90 d，不同处理组烟株的株高、茎围和叶片数差异不显著，但T2和T3组中部和上部烟叶面积显著大于T1和CK组。可见，垂直深旋耕可促进烤烟生长，与液态有机碳肥配施对促进烤烟生长发育效果更好。

表 4-14　不同处理组烤烟地上部分生长指标比较

移栽后时间/d	处理组	株高/cm	茎围/cm	叶片数/片	面积/cm²		
					下部烟叶	中部烟叶	上部烟叶
30	T1	38.24± 2.27b	6.22± 0.36bc	9.20± 0.45ab	—	578.36± 47.31b	—
	T2	49.98± 3.71a	7.24± 0.67ab	9.60± 0.55a	—	771.35± 47.84a	—
	T3	49.66± 1.62a	7.68± 0.47a	9.60± 0.55a	—	741.42± 80.71a	—
	CK	37.64± 1.12b	6.06± 0.27c	8.60± 0.55b	—	583.71± 38.86b	—
60	T1	109.53± 3.52b	9.30± 0.17a	20.00± 1.00a	890.70± 157.20a	1232.36± 89.87bc	1286.22± 43.25a
	T2	115.37± 2.32a	9.37± 0.15a	18.33± 1.53a	871.63± 119.14a	1366.52± 70.63b	1246.87± 67.79a
	T3	116.93± 4.55a	9.23± 0.31a	19.00± 1.00a	936.19± 98.72a	1667.75± 64.84a	1229.32± 53.8a
	CK	106.70± 2.00b	8.43± 0.31b	20.67± 0.58a	843.76± 137.45a	1161.45± 47.74c	1043.36± 79.35b
90	T1	111.53± 4.58a	9.47± 0.35a	17.00± 1.00a	—	1175.79± 59.45b	910.72± 57.81b
	T2	108.17± 2.58a	9.73± 0.21a	16.00± 1.00a	—	1450.35± 69.55a	1208.56± 61.89a
	T3	107.60± 3.83a	10.10± 0.62a	16.00± 1.00a	—	1416.85± 20.31a	1184.24± 54.92a
	CK	106.17± 1.94a	9.27± 0.38a	16.00± 1.00a	—	1030.79± 92.85b	823.57± 57.77b

（2）不同处理方法对烤烟干物质积累与分配的影响

由图 4-19 可知，各处理组烟株总干物质质量由大到小排序为 T3 组>T2 组>T1 组>CK 组；但在烟株不同器官中干物质质量有所不同，T1、T2 和 T3 组根部干物质质量显著大于 CK 组，T2 和 T3 组茎部干物质质量显著大于 CK 组，T2 和

T3 组叶片干物质量显著大于 T1 和 CK 组。烤烟干物质一半以上分配给烟叶，T1、T2 和 T3 组干物质分配给根的比例大于 CK 组。这表明垂直深旋耕可促进烤烟干物质的积累，提高烤烟根系干物质分配量；其与有机碳肥配施更有利于烤烟干物质的积累。

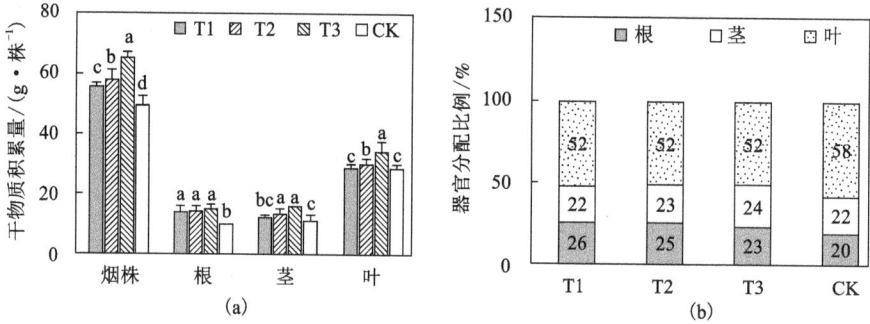

同组柱形图上的不同小写字母表示差异达到显著（$P<5\%$）水平。

图 4-19　不同处理组烤烟干物质积累与分配比较

（3）不同处理方法对烤烟氮磷钾积累与分配的影响

①氮素积累与分配。

由图 4-20 可知，T1、T2 和 T3 组烟株氮积累量高于 CK 组；同时，T2 和 T3 组烟株氮积累量高于 T1 组。在烟株不同器官中，T1、T2 和 T3 组根系氮积累量相对较高；T2 和 T3 组茎部氮积累量相对较高；烟叶中氮积累量由大到小的组排序为 T3 组>T2 组>T1 组>CK 组。烟株积累的氮主要分配给烟叶。这表明垂直深旋耕可促进烟株氮积累，与液态有机碳肥配施对于烟株氮素积累效果更好。

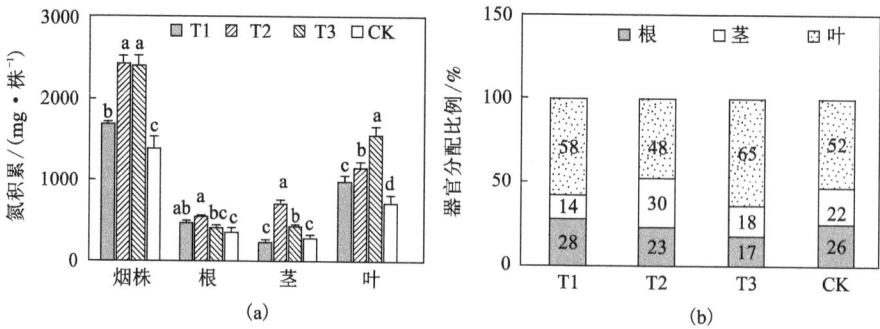

图 4-20　不同处理组烤烟氮积累与分配比较

②磷素积累与分配。

由图 4-21 可知，T1、T2 和 T3 组烟株磷积累量高于 CK 组；同时，T3 组烟株磷积累量高于 T2 和 T1 组。在烟株不同器官中，T1、T2 和 T3 组烟株根、叶的磷积累量高于 CK 组；T2 和 T3 组茎部磷积累量高于 T1 和 CK 组。烟株积累的磷主要分配给烟叶。这表明垂直深旋耕可促进烟株磷积累；其与液态有机碳肥配施时，浇施 2 次液态有机碳肥更有利于烟株磷素的积累。

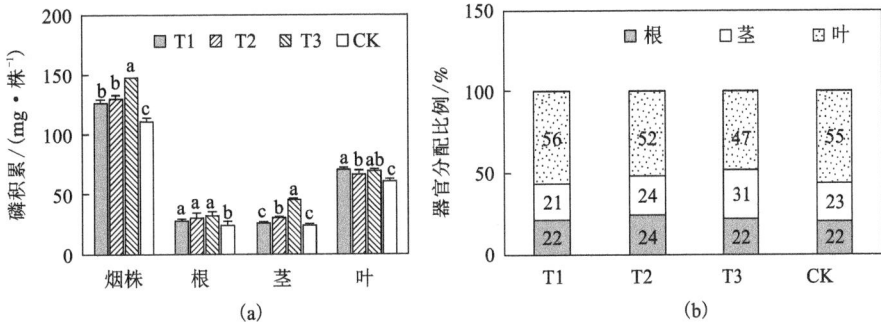

图 4-21　不同处理组烤烟磷积累与分配比较

③钾素积累与分配。

由图 4-22 可知，各处理组按烟株钾积累大小由高到低排序为 T3 组>T2 组>T1 组>CK 组。在不同器官中，T1 组根系钾积累量相对较高；T3 组茎部钾积累量相对较高；各处理组按烟叶钾积累量大小由高到低排序为 T3 组>T2 组>T1 组>CK 组。烟株积累的钾主要分配给烟叶，其中 T3 和 T2 组烟叶钾的分配比例均在 50% 以上，大于 T1 和 CK 组烟叶钾的分配比例。这表明垂直深旋耕可促进烟株钾素的积累；其与液态有机碳肥配施更有利于烟株钾素的积累，提高烟叶钾素分配量。

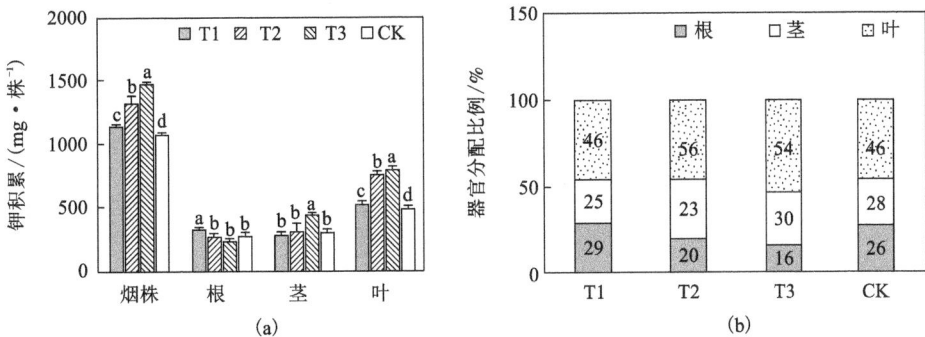

图 4-22　不同处理组烤烟钾积累与分配比较

（4）不同处理方法对烤烟烟碱和氯积累与分配的影响

①烟碱积累与分配。

由图 4-23 可知，T2 和 T3 组烟株的烟碱积累量高于 T1 和 CK 组；同时，T3 组烟株的烟碱积累量高于 T2 组。在烟株不同器官中，根部和叶部以 T2 和 T3 组烟碱积累量相对较高；茎部以 T3 组烟碱积累量相对较高。烤烟积累的烟碱主要分配给烟叶，其次是根，这与根系是烟碱合成器官有关。这表明垂直深旋耕配施液态有机碳肥，可促进烟株烟碱的积累，从而提高烟叶烟碱积累量。

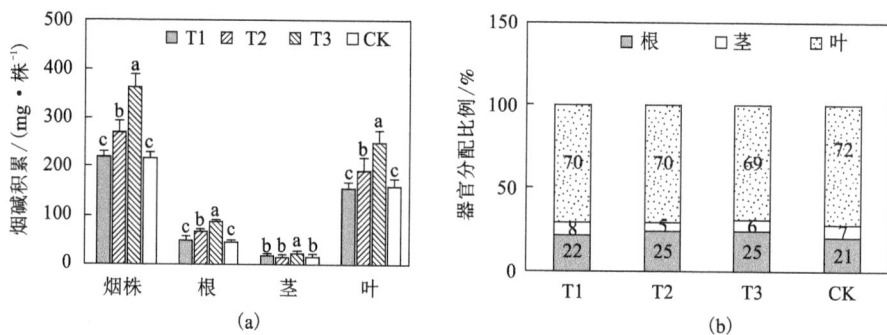

图 4-23　不同处理组烤烟烟碱积累与分配比较

②氯素积累与分配。

由图 4-24 可知，T3 组和 CK 组的烟株氯积累量高于 T1 和 T2 组；同时，T2 组烟株氯积累量高于 T1 组。在不同器官中，根系以 T1 和 T3 组氯积累量相对较高；茎以 T3 组氯积累量相对较高；烟叶以 T3 组和 CK 组氯积累量相对较高。烤烟积累的氯主要分配给烟叶，其次是茎。CK 组烟株氯积累量较多，这与氯分

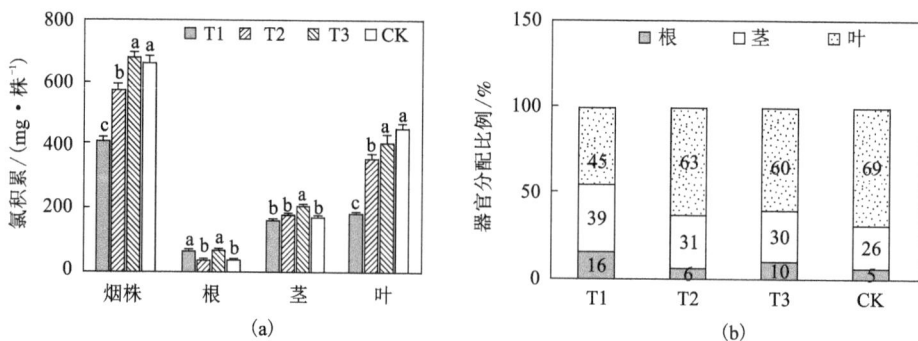

图 4-24　不同处理组烤烟氯积累与分配比较

布在表土耕层和根系分布浅有关；T3 组烟株氯积累量多与烟株生物量大、根系发达有关。

（5）不同处理方法对烤烟经济性状的影响

由表 4-15 可知，不同处理组烟叶上等烟比例、中等烟比例和均价差异不显著，但 T1、T2 和 T3 组烤烟产量、产值均显著大于 CK 组。可见，垂直深旋耕可提高烟叶产量和产值，但配施 2 次液态有机碳肥的处理组的产值低于其他 2 个垂直深旋耕处理组。

表 4-15　不同处理组烤烟经济性状比较

处理组	产量/（kg·hm⁻²）	产值/（元·hm⁻²）	上等烟/%	中等烟/%	均价/（元·kg⁻¹）
T1	1950.00± 45.87a	42321.65± 256.06a	40.16± 1.04a	51.75± 2.01a	21.70± 0.96a
T2	1949.72± 25.55a	42434.55± 350.88a	38.98± 2.11a	47.63± 1.36a	21.76± 0.80a
T3	1993.06± 20.43a	39674.51± 152.24b	39.76± 1.08a	46.29± 2.20a	19.91± 1.16a
CK	1762.11± 35.51b	38357.01± 240.01c	41.18± 1.53a	44.12± 1.96a	21.77± 1.45a

（6）不同处理方法对烤后烟叶化学成分的影响

由表 4-16 可知，从 B2F 等级烟叶来看，不同处理组烟叶的烟碱、总氮、钾含量及糖碱比、钾氯比间存在显著差异；其中，T2、T3 组烟叶的烟碱、总氮、钾含量相对较高，T3 组最高。从 C3F 等级烟叶来看，施用有机碳肥可提高烟叶的糖、烟碱和钾含量。无论是 B2F 等级还是 C3F 等级烟叶，垂直深旋耕和传统耕作对烟叶化学成分含量的影响均不明显。这说明垂直深旋耕配施液态有机碳肥有利于提高烟叶的钾和糖含量，但烟叶的烟碱含量增加，应引起重视。

表 4-16　不同处理组烟叶化学成分比较

烟叶等级	处理组	总糖含量/%	还原糖含量/%	烟碱含量/%	总氮含量/%	钾含量/%	氯含量/%	糖碱比	氮碱比	钾氯比
B2F	T1	25.48±1.39a	19.56±0.54a	3.62±0.24c	2.83±0.07b	1.45±0.01c	0.38±0.03a	7.07±0.79a	0.78±0.04a	3.81±0.23b
	T2	26.75±0.56a	21.46±1.79a	3.74±0.17b	3.13±0.12a	1.83±0.20b	0.34±0.10a	7.17±0.31a	0.84±0.07a	5.38±0.69a
	T3	23.91±2.06a	18.46±0.92a	4.05±0.13a	3.22±0.05a	2.24±0.02a	0.42±0.12a	5.90±0.38b	0.78±0.03a	5.32±0.19a
	CK	24.34±1.53a	17.81±1.51a	3.64±0.18c	2.72±0.09b	1.37±0.20c	0.43±0.09a	6.69±0.44ab	0.75±0.03a	3.28±0.81b
C3F	T1	22.94±0.96b	17.17±0.31b	2.54±0.17c	2.64±0.26b	1.55±0.12b	0.36±0.09a	9.05±0.22a	1.04±0.15a	4.31±0.66b
	T2	25.71±1.05a	21.42±1.48a	3.27±0.27a	2.82±0.20a	2.20±0.13a	0.35±0.13a	7.87±0.32b	0.87±0.12b	6.41±0.48a
	T3	25.29±0.53a	21.14±0.68a	3.70±0.19a	2.69±0.17b	2.64±0.11a	0.41±0.11a	6.84±0.46b	0.73±0.04b	6.44±0.34a
	CK	23.07±0.58b	19.13±0.58b	3.30±0.16b	2.62±0.09b	1.47±0.13b	0.44±0.05a	6.99±0.17b	0.79±0.03b	3.36±0.39c

4.4.3　小结

①施用液态有机碳肥可促进烤烟根系数量增加，而这也导致分布在土壤表层的根数量增加，传统耕作种植的烟株根系主要分布在表层土壤，因此施用 2 次有机碳肥和传统耕作可促使烟叶氯积累量增多。但烤后烟叶氯素含量均在适宜范围内。

②湘西山地烟区的烤烟生产可采用垂直深旋耕，液态有机碳肥宜在烤烟移栽时结合定根水浇施或移栽 20 d 后结合追肥浇施，同时应适当减施氮肥。

第5章　多物料协同修复酸化植烟土壤关键技术研究

5.1　石灰+绿肥+生物肥对土壤酸度和酶活性的修复效应

在热带、亚热带地区,广泛分布着酸性黄红壤,pH 一般在 4.5~6.0 的范围,近年来受大气酸沉降等自然因素和长期大量施用化肥等人为因素影响,黄红壤的酸度呈现进一步酸化的趋势,严重威胁到农业系统的可持续发展。土壤酸化会导致土壤僵硬板结、耐旱能力变差、肥力下降和有毒重金属的释放与活化,土壤酸度升高还会降低土壤中脲酶、过氧化氢酶、蛋白酶等酶的活性,影响作物品质。目前,酸性土壤修复已成为土壤学及作物学等相关领域研究的热点,施用石灰是国内外农业生产改良酸性土壤的常用方法,但石灰改良酸性土壤的效果持续时间短,长期施用易造成土壤板结,产生次生石灰化;绿肥近年来被广泛用于改良酸性土壤,其翻入土壤后能使土壤的缓冲性能提高并培肥土壤,但绿肥翻入土壤后在微生物的作用下会分解产生大量有机酸,并在土壤中积累,从而显著降低烟株生育前期土壤 pH;生物有机肥能够显著提高土壤养分含量、土壤微生物数量和土壤酶活性,同时生物有机肥替代化肥还可以减少化肥施入量。鉴于此,本试验采用盆栽法将石灰、绿肥、生物有机肥进行不同组合来处理强酸性黄红壤,并研究其修复土壤酸性和酶活性的动态效应,以期为强酸性黄红壤的可持续改良提供科学依据。

5.1.1　材料与方法

(1)试验材料

试验在湖南省湘西州花垣县(28°31′35″N, 109°27′4″E)进行。该地平均海拔 530.0 m,年平均气温 15.0 ℃,年降水量 1363.8 mm,无霜期 279.0 d,全年日照时数 1219.2 h,属亚热带季风山地湿润气候区。试验地土壤类型为黄红壤,土壤

pH 为 5.01，有机质含量为 20.42 g/kg，碱解氮含量为 75.67 mg/kg，有效磷含量为 6.74 mg/kg，速效钾含量为 122.68 mg/kg。烤烟品种为云烟 87，绿肥品种为箭筈豌豆，石灰为当地市售。生物有机肥由金叶众望肥料有限责任公司提供，N、P_2O_5、K_2O 含量分别为 2.0%、2.0%、4.0%，有效活菌数≥0.5 亿/g。

（2）试验设计

试验选用石灰、绿肥、生物有机肥，将其构成不同的酸性土壤修复组合。设 4 个处理组，T1 组采用石灰；T2 组采用石灰+绿肥；T3 组采用石灰+绿肥+生物有机肥；CK 组为常规栽培（不施石灰、绿肥、生物有机肥）。采用盆栽试验，石灰用量为 13 g/盆（相当于 2250 kg/hm²）；绿肥用量为 87 g/盆（相当于 7500 kg/hm²），且事先剪切成 1~3 cm 的小段；生物有机肥为 27 g/盆（相当于 450 kg/hm²）。烤烟施氮量为 109.5 kg/hm²，氮、磷、钾比例为 1：1.27：2.73，各处理组氮、磷、钾施肥含量保持一致；其中 T3 组添加的生物有机肥养分量通过调整基肥中复合肥施用量进行调节。将盆栽试验土与石灰、绿肥、有机肥以及其他基肥充分混匀，用高度、上口和下口分别为 26 cm、40 cm 和 20 cm 的塑料盆装试验土壤 13 kg，并将孔径为 48 μm 的尼龙布垫于底部，然后将塑料盆埋入土中起垄，盆口与垄面齐平。设 3 个重复试验，每个重复试验栽 10 盆，每盆移栽烟苗 1 株。烤烟种植密度为 16650 株/hm²（1.20 m×0.5 m），四周设保护行。其他栽培管理措施同湘西优质烤烟生产技术规程。

（3）检测指标及方法

在烤烟移栽后 30 d、60 d、90 d、120 d，在每盆分栽中选择 3 个点，采集深度为 0~20 cm 的耕作层土壤，制成混合土样。

①采用电位法测定土壤 pH；采用 NaAC 浸提-NaOH 滴定法测定水解性酸；采用氯化钾-中和滴定法测定交换性酸（EA）、交换性氢（EH⁺）、交换性铝（EAl³⁺）；采用醋酸铵法测定土壤阳离子交换量（CEC）、交换性盐基总量（EB），并计算盐基饱和度 [BS(%)=EB/CEC×100]。

②转化酶、脲酶、中性磷酸酶和过氧化氢酶活性分别采用 $Na_2S_2O_3$ 滴定法、靛酚蓝比色法、磷酸苯二钠比色法和 $KMnO_4$ 滴定法测定。

（4）数据处理

采用 Excel 2010 及 SPSS 20.0 等软件进行统计分析。用新复极差法进行多重比较，英文小写字母表示差异在 0.05 水平。

5.1.2 结果与分析

（1）对土壤 pH 的影响

由图 5-1 可知，施用改土物料后，土壤 pH 先升高后下降，至移栽 60 d 后趋于稳定。在烤烟移栽 30 d 后，T1、T2、T3 组土壤 pH 由 5.01（背景值）分别升高至

6.59、6.95、7.09，较土壤背景值分别升高了 1.58、1.94、2.08 个 pH 单位，但随之呈下降趋势并逐步趋于稳定；至移栽 120 d 后，T1、T2、T3 组的土壤 pH 分别稳定在 5.26、6.10、6.26，较土壤背景值分别升高了 4.99%、21.76%、24.95%。然而，CK 组土壤 pH 在 4.59~4.97 徘徊，一直低于土壤背景值。

不同改土物料对提高土壤 pH 的效果不同。在移栽后 30～120 d，T1、T2、T3 组的土壤 pH 显著高于 CK 组；同时，T2、T3 组的土壤 pH 显著高于 T1 组。在移栽 120 d 后，T1、T2、T3 组的土壤 pH 较 CK 组分别升高了 0.29、1.13、1.29 个 pH 单位，分别提高了 5.83%、22.74%、25.96%；其中，T2、T3 组的土壤 pH 显著高于 T1、CK 组，T1 组的土壤 pH 与 CK 组差异达显著水平。可见，施用改土物料后，土壤 pH 先升高，随后下降至趋于稳定，以单施石灰 T1 组的土壤 pH 下降最快；不同改土物料提高土壤 pH 的效果以 T3 组为最好，其次是 T2 组。

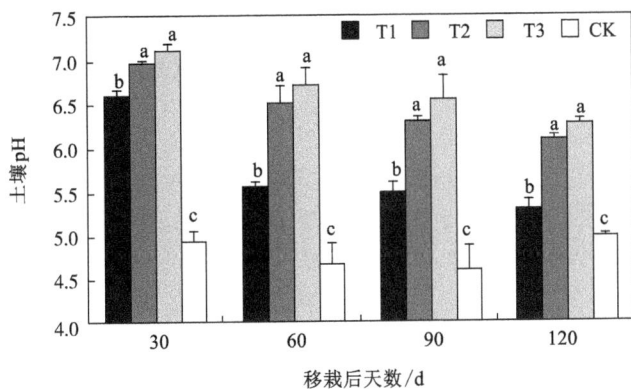

图 5-1 不同酸性土壤修复组合对土壤 pH 的影响

（2）对土壤水解性酸的影响。

由图 5-2 可知，在烤烟移栽后 30~90 d，同一处理组的土壤水解性酸差异较小，至移栽后 120 d，4 个处理组的土壤水解性酸均有增加，这可能与烤烟根系分泌的酸性物质有关。在移栽后 30~120 d，T1、T2、T3 组的土壤水解性酸均显著低于 CK 组；其中，移栽后 30 d T1、T2、T3 组土壤水解性酸较 CK 组分别低 63.52%、62.68%、69.65%，移栽后 60 d T1、T2、T3 组土壤水解性酸较 CK 组分别低 43.96%、44.40%、50.25%，移栽后 90 d T1、T2、T3 组土壤水解性酸较 CK 分别低 48.59%、46.02%、53.63%，移栽后 120 d T1、T2、T3 组土壤水解性酸较 CK 分别低 50.46%、40.80%、47.48%。在移栽后的 30~90 d，T1、T2 组的土壤水解性酸显著高于 T3 组；在移栽后的 120 d，T2 组的土壤水解性酸显著高于 T1、T3 组。可见，施用改土物料可降低土壤水解性酸浓度，以 T3 组的效果最好，其次是 T1 组。

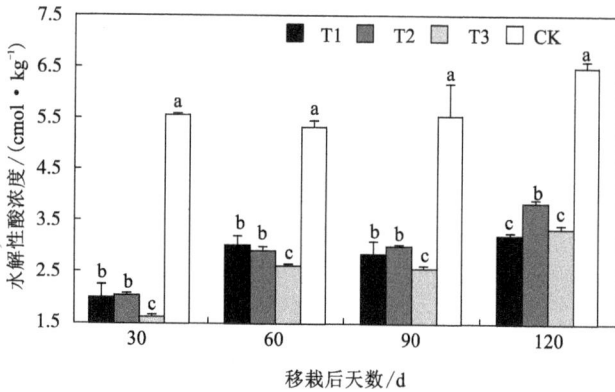

图 5-2　不同酸性土壤修复组合对土壤水解性酸的影响

（3）对土壤潜性酸的影响

①土壤交换性酸动态变化。

由图 5-3 可知，在烤烟移栽后 30 d，T1、T2、T3 组土壤交换性酸浓度最高，移栽后 60~90 d，同一处理组土壤交换性酸浓度差异较小，移栽后 120 d，T1、T2、T3 组土壤交换性酸浓度均降至最低，CK 组土壤交换性酸浓度升至最高。在移栽后 30~120 d，T1、T2、T3 组的土壤交换性酸浓度均显著低于 CK 组；其中，移栽后 30 d T1、T2、T3 组土壤交换性酸浓度较 CK 组分别低 39.24%、32.71%、37.94%，移栽后 60 d T1、T2、T3 组土壤交换性酸浓度较 CK 组分别低 39.55%、44.26%、30.91%，移栽后 90 d T1、T2、T3 组土壤交换性酸浓度较 CK 组分别低

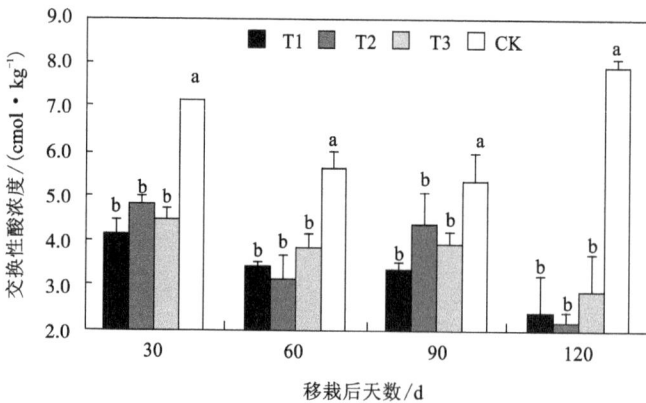

图 5-3　不同酸性土壤修复组合对土壤交换性酸的影响

37.04%、18.89%、26.54%，移栽后 120 d T1、T2、T3 组土壤交换性酸浓度较 CK 组分别低 69.62%、72.15%、63.29%。不同处理组之间，在移栽后的 30~120 d，T1、T2、T3 组土壤交换性酸浓度差异不显著。可见，施用改土物料可降低土壤交换性酸浓度，但 3 种改土物料的改良效果没有显著差异。

②土壤交换性氢动态变化。

由图 5-4 可知，烤烟移栽后 30~60 d，同一处理组的土壤交换性氢浓度差异较小，移栽 90 d 后，T2 组土壤交换性氢浓度升至最高，至移栽后 120 d，T1、T2、T3 组土壤交换性氢浓度均降至最低，CK 组土壤交换性氢浓度升至最高。在移栽后 30~120 d，T1、T2、T3 组的土壤交换性氢浓度均显著低于 CK；其中，移栽后 30 d T1、T2、T3 组土壤交换性氢浓度较 CK 组分别低 66.17%、61.25%、57.96%，移栽后 60 d T1、T2、T3 组土壤交换性氢浓度较 CK 组分别低 51.84%、52.23%、42.52%，移栽后 90 d T1、T2、T3 组土壤交换性氢浓度较 CK 组分别低 59.46%、23.78%、46.49%，移栽后 120 d T1、T2、T3 组土壤交换性氢浓度较 CK 组分别低 93.56%、96.65%、80.69%。不同处理之间，在移栽后的 30~60 d，T1、T2、T3 组土壤交换性氢浓度差异不显著；在移栽后 90 d，T2 组的土壤交换性氢浓度显著高于 T1、T3 组；在移栽后 120 d，T1、T2、T3 组土壤交换性氢浓度差异不显著。可见，施用改土物料可降低土壤交换性氢浓度，但 3 种改土物料的改良效果没有显著差异。

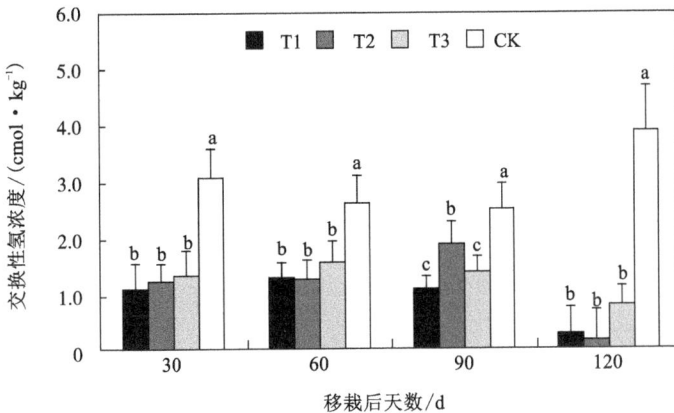

图 5-4　不同酸性土壤修复组合对土壤交换性氢的影响

③土壤交换性铝动态变化。

由图 5-5 可知，烤烟移栽后 30 d，各处理组的土壤交换性铝浓度最大，移栽后 60~90 d，同一处理组土壤交换性铝浓度差异较小，移栽后 120 d，各处理组土壤交换性铝浓度均有所下降。移栽后 30~120 d, T1、T2、T3 组的土壤交换性铝浓度均显著低于 CK 组；其中，移栽后 30 d T1、T2、T3 组土壤交换性铝浓度较 CK 组分别低 24.27%、11.67%、23.06%，移栽后 60 d T1、T2、T3 组土壤交换性铝浓度较 CK 组分别低 29.14%、37.27%、21.02%，移栽后 90 d T1、T2、T3 组土壤交换性铝浓度较 CK 组分别低 18.18%、14.77%、9.66%，移栽后 120 d T1、T2、T3 组土壤交换性铝浓度较 CK 组分别低 46.47%、48.21%、46.47%。不同处理组之间，在移栽后的 30~120 d, T1、T2、T3 组土壤交换性铝浓度差异不显著。可见，施用改土物料可降低土壤交换性铝浓度，但 3 种改土物料的改良效果没有显著差异。

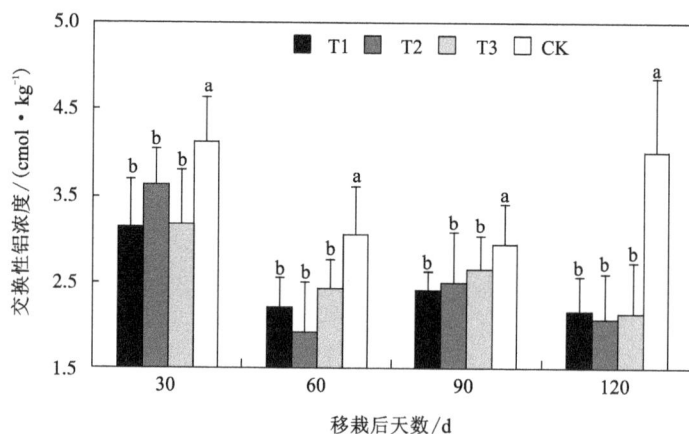

图 5-5　不同酸性土壤修复组合对土壤交换性铝的影响

(4)对土壤交换性能的影响

①土壤交换性盐基总量动态变化。

由图 5-6 可知，烤烟移栽后 30~120 d, T1、T2 组土壤交换性盐基总量呈逐步下降趋势并趋于稳定, T3 组土壤交换性盐基总量呈"高—低(90 d)—高"的变化趋势，但差异较小, CK 组土壤交换性盐基总量为 4.74~4.92 cmol/kg。在移栽后 30~120 d, T1、T2、T3 组的土壤交换性盐基总量均显著高于 CK 组；其中，移栽后 30 d T1、T2、T3 组土壤交换性盐基总量较 CK 组分别高 52.81%、51.71%、50.55%，移栽后 60 d T1、T2、T3 组土壤交换性盐基总量较 CK 组分别高 46.30%、47.39%、43.32%，移栽后 90 d T1、T2、T3 组土壤交换性盐基总量较 CK 组分别高 45.65%、43.12%、42.57%，移栽后 120 d T1、T2、T3 组土壤交换性盐基总量较 CK 组分别高 45.74%、43.84%、46.94%。不同处理组之间，在移栽后 30~120 d, T1、T2、T3 组土壤交换性盐基总量差异不显著。可见，施用改土物料可提高土壤交换性盐基总量，但 3 种改土物料的改良效果没有显著差异。

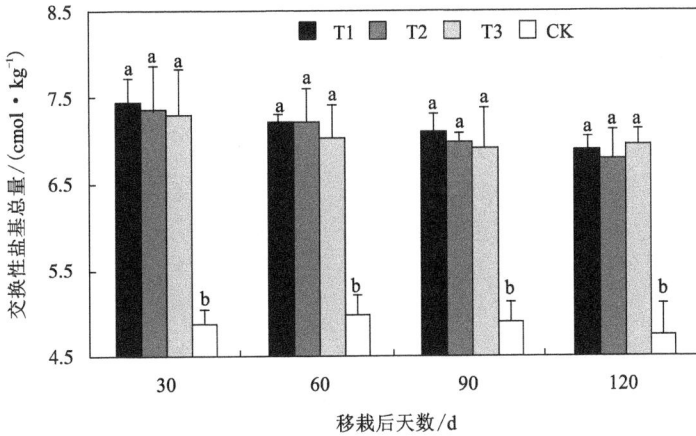

图 5-6　不同酸性土壤修复组合对土壤交换性盐基总量的影响

②土壤阳离子交换量动态变化。

由图 5-7 可知，烤烟移栽后 30～90 d，同一处理组土壤阳离子交换量差异较小，至移栽后 120 d，T1、T2、T3 组土壤阳离子交换量均有所减少并趋于稳定，CK 组土壤阳离子交换量较移栽后 90 d 略有下降。在移栽后 30～120 d，T1、T2、T3 组土壤阳离子交换量均显著高于 CK 组；其中，移栽后 30 d T1、T2、T3 组土壤阳离子交换量较 CK 组分别高 24.45%、24.16%、25.73%，移栽后 60 d T1、T2、T3 组土壤阳离子交换量较 CK 组分别高 24.50%、16.69%、23.18%，移栽后 90 d

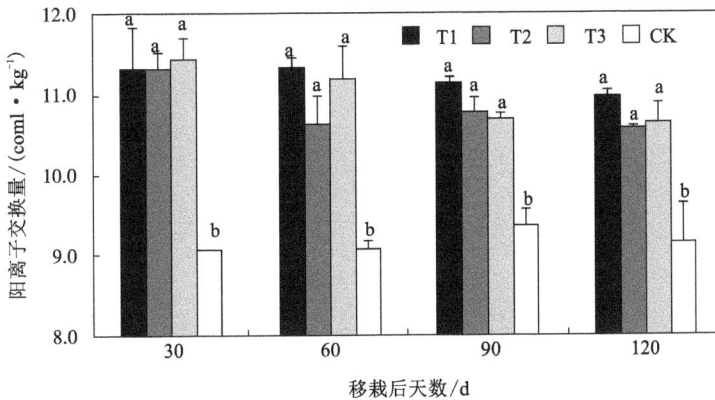

图 5-7　不同酸性土壤修复组合对土壤阳离子交换量的影响

T1、T2、T3 组土壤阳离子交换量较 CK 组分别高 18.73%、14.85%、14.07%，移栽后 120 d T1、T2、T3 组土壤阳离子交换量较 CK 组分别高 20.10%、15.18%、16.31%。不同处理组之间，在移栽后的 30~120 d，T1、T2、T3 组土壤阳离子交换量差异不显著。可见，施用改土物料可提高土壤阳离子交换量，但 3 种改土物料的改良效果没有显著差异。

③土壤盐基饱和度动态变化。

由图 5-8 可知，烤烟移栽后 30~120 d，T1 组土壤盐基饱和度差异较小，总体呈下降趋势；T2 组土壤盐基饱和度呈"低—高(60 d)—低"的变化趋势；T3 组土壤盐基饱和度呈"高—低(60 d)—高"的变化趋势；CK 组土壤盐基饱和度差异较小，总体呈下降趋势，这可能与土壤 pH 变化、有机肥分解及生物有机肥中功能菌的作用有关。在移栽后 30~120 d，T1、T2、T3 组的土壤盐基饱和度均显著高于 CK 组；其中，移栽后 30 d T1、T2、T3 组土壤盐基饱和度较 CK 组分别高 22.95%、22.11%、26.51%，移栽后 60 d T1、T2、T3 组土壤盐基饱和度较 CK 组分别高 17.52%、26.46%、21.25%，移栽后 90 d T1、T2、T3 组土壤盐基饱和度较 CK 组分别高 22.70%、24.62%、26.46%，移栽后 120 d T1、T2、T3 组土壤盐基饱和度较 CK 组分别高 21.35%、24.88%、38.33%。不同处理组之间，在移栽后的 30~90 d，T1、T2、T3 的土壤盐基饱和度差异不显著；在移栽后的 120 d，T3 组的土壤盐基饱和度显著高于 T1、T2 组。可见，施用改土物料可提高土壤盐基饱和度，以 T3 组的效果最好，其次是 T2 组。

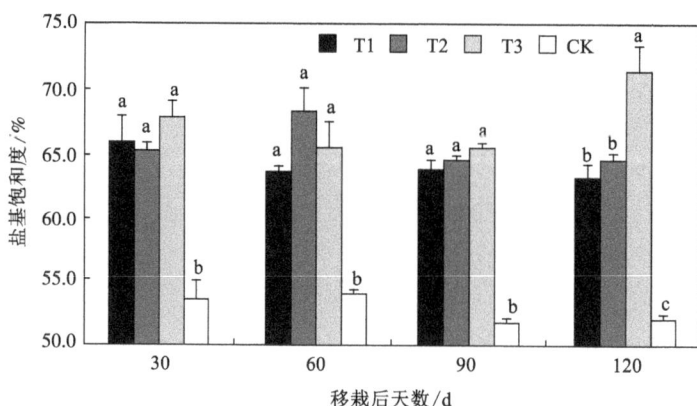

图 5-8　不同酸性土壤修复组合对土壤盐基饱和度的影响

(5)对土壤酶活性的影响

①土壤脲酶活性动态变化。

由图 5-9 可知，烤烟移栽后 30~120 d，各处理组土壤脲酶活性呈"低—高

(60 d)—低"的变化趋势,这与烤烟的需肥规律是一致的。在移栽后 30~120 d,
T1、T2、T3 组的土壤脲酶活性均显著高于 CK 组;其中,移栽后 30 d T1、T2、
T3 组土壤脲酶活性较 CK 组分别高 18.69%、22.80%、49.75%,移栽后 60 d T1、
T2、T3 组土壤脲酶活性较 CK 组分别高 36.29%、77.11%、104.02%,移栽后 90 d
T1、T2、T3 组土壤脲酶活性较 CK 组分别高 21.71%、51.88%、79.84%,移栽后
120 d T1、T2、T3 组土壤脲酶活性较 CK 组分别高 28.74%、71.32%、103.47%。
在移栽后的 30 d,T3 组的土壤脲酶活性显著高于 T1、T2 组;移栽后 60~120 d,
T3 组的土壤脲酶活性显著高于 T1、T2 组,T2 组的土壤脲酶活性高于 T1 组。可
见,施用改土物料可提高土壤脲酶活性,以 T3 组的效果最好,其次是 T2 组。

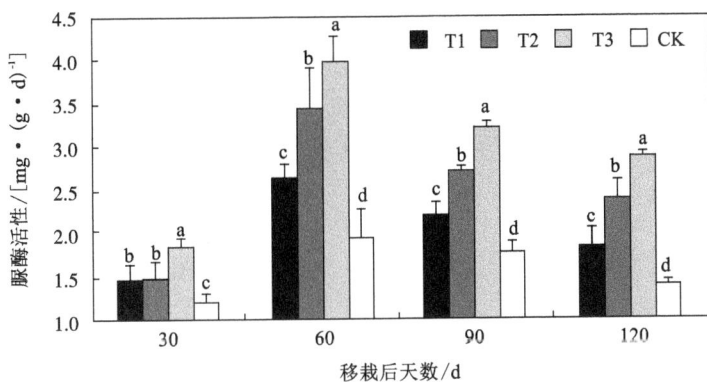

图 5-9　不同酸性土壤修复组合对土壤脲酶活性的影响

②土壤中性磷酸酶活性动态变化。
由图 5-10 可知,烤烟移栽后 30~120 d,各处理组土壤酸性磷酸酶活性呈增

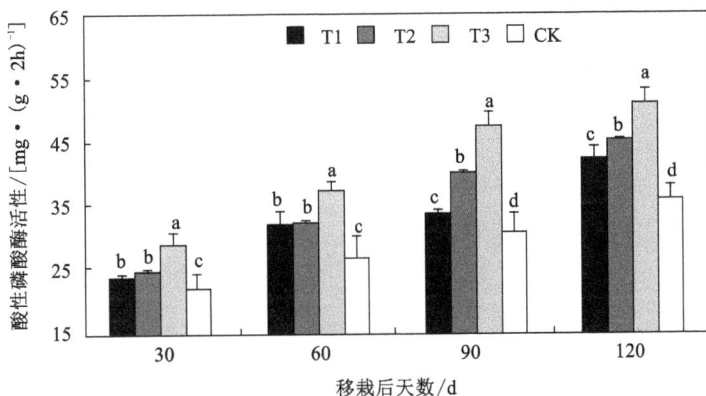

图 5-10　不同酸性土壤修复组合对土壤中性磷酸酶活性的影响

高的态势,这可能与土壤中微生物数量的增加有关。在移栽后 30~120 d,T1、
T2、T3 组的土壤酸性磷酸酶活性均显著高于 CK 组;其中,移栽后 30 d T1、T2、
T3 组土壤酸性磷酸酶活性较 CK 组分别高 4.98%、9.19%、29.62%,移栽后 60 d
T1、T2、T3 组土壤酸性磷酸酶活性较 CK 组分别高 19.16%、21.03%、40.89%,
移栽后 90 d T1、T2、T3 组土壤酸性磷酸酶活性较 CK 组分别高 10.00%、
30.32%、54.82%,移栽后 120 d T1、T2、T3 组土壤酸性磷酸酶活性较 CK 组分别
高 18.26%、26.28%、42.41%。不同处理之间,在移栽后的 30~120 d,T3 组的土
壤酸性磷酸酶活性显著高于 T1、T2 组;T2 组的土壤酸性磷酸酶活性高于 T1 组。
可见,施用改土物料可提高土壤酸性磷酸酶活性,以 T3 组的效果最好,其次是
T2 组。

③土壤过氧化氢酶活性动态变化。

由图 5-11 可知,烤烟移栽后 30~120 d,T1、T2 组土壤过氧化氢酶活性呈增
高的态势;T3 组土壤过氧化氢酶活性表现为先升高(30~60 d)再略微下降并趋于
稳定;CK 组土壤过氧化氢酶活性表现为先升高(30~90 d)再略微下降并趋于稳
定,这可能与土壤温度升高有关。在移栽后 30 d,不同处理组过氧化氢酶活性差
异不显著;在移栽后 60~120 d,T1、T2、T3 组的土壤过氧化氢酶活性均显著高于
CK 组;其中,移栽后 60 d T1、T2、T3 组土壤过氧化氢酶活性较 CK 组分别高
42.27%、56.09%、291.58%,移栽后 90 d T1、T2、T3 组土壤过氧化氢酶活性较
CK 组分别高 7.06%、15.02%、45.14%,移栽后 120 d T1、T2、T3 组土壤过氧化
氢酶活性较 CK 组分别高 23.31%、29.98%、48.23%。不同处理组之间,在移栽
后的 30 d,T1、T2、T3 组过氧化氢酶活性差异不显著;移栽后 60 d,T3 组土壤过
氧化氢酶活性显著高于 T1、T2 组;移栽后 90~120 d,T3 组的土壤过氧化氢酶活

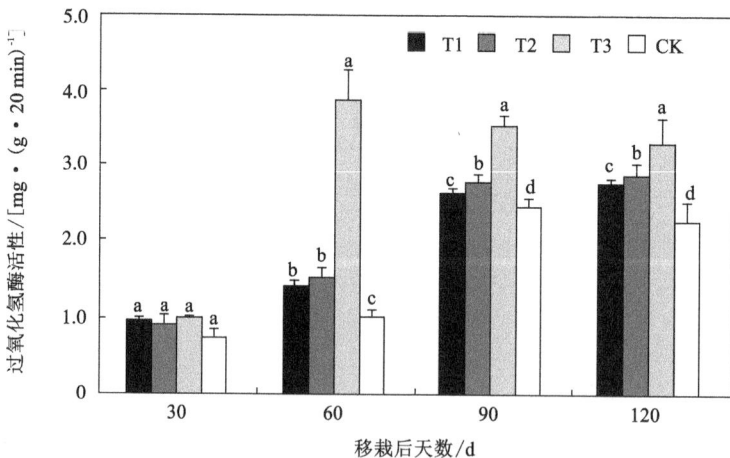

图 5-11　酸性土壤修复组合对土壤过氧化氢酶活性的影响

性显著高于 T1、T2，T2 组的土壤过氧化氢酶活性高于 T1 组。可见，施用改土物料可提高土壤过氧化氢酶活性，以 T3 组的效果最好，其次是 T2 组。

④土壤蔗糖酶活性动态变化。

由图 5-12 可知，烤烟移栽后 30~120 d，各处理组土壤蔗糖酶活性呈"低—高（60 d）—低"的变化趋势，与脲酶活性的变化趋势一致。在移栽后 30~120 d，T1、T2、T3 组的土壤蔗糖酶活性均显著高于 CK 组；其中，移栽后 30 d T1、T2、T3 组土壤蔗糖酶活性较 CK 组分别高 10.66%、17.19%、21.59%，移栽后 60 d T1、T2、T3 组土壤蔗糖酶活性较 CK 组分别高 65.92%、68.78%、75.69%，移栽后 90 d T1、T2、T3 组土壤蔗糖酶活性较 CK 组分别高 30.97%、38.07%、63.00%，移栽后 120 d T1、T2、T3 组土壤蔗糖酶活性较 CK 组分别高 22.11%、23.34%、38.45%。不同处理之间，在移栽后的 30 d，T3 组土壤蔗糖酶活性显著高于 T1；移栽后 60~120 d，T3 组土壤蔗糖酶活性显著高于 T1、T2 组。可见，施用改土物料可提高土壤蔗糖酶活性，以 T3 组的效果最好，其次是 T2 组。

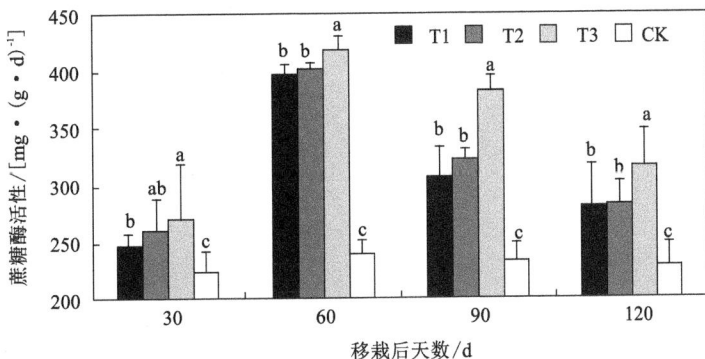

图 5-12　不同酸性土壤修复组合对土壤蔗糖酶活性的影响

5.1.3　小结

①改土物料均可提高土壤 pH、交换性盐基总量、阳离子交换量、盐基饱和度，降低土壤水解性酸、交换性酸、交换性氢、交换性铝的含量，单施石灰处理的土壤在 60 d 后 pH 大幅下降并趋于稳定，石灰＋绿肥、石灰＋绿肥＋生物有机肥处理的土壤 pH 下降幅度较小，改善酸性土壤的效果稳定。

②不同酸性土壤修复组合提升酶活性的效果表现为石灰＋绿肥＋生物有机肥＞石灰＋绿肥处理＞单施石灰。

③石灰＋绿肥＋生物有机肥对植烟土壤的酸性及对酶活性的修复效应更好，且改良保持的时效性更久。

5.2 无机肥、有机肥协同改良酸性土壤的理化性状动态变化

良好的土壤质量是保障作物生长的前提。降雨淋溶、长期施用化肥、作物连作会导致土壤酸化，进而导致土壤结构变差和肥力降低，以及有毒金属的溶解和有效性增加，影响作物正常生长。对酸性土壤的改良，有以下几种观点：①施用石灰后土壤 pH 会先升高后降低；②施用石灰后 60~90 d，土壤 pH 会逐渐下降并趋于平稳，土壤有效磷含量随着石灰用量的增加先升高后降低，而当石灰用量大于 0.9 g/kg 时，土壤速效钾的含量随着石灰用量的增加而显著降低；③种植绿肥虽可提高土壤 pH，但由于绿肥腐解产生大量有机酸，至绿肥还田后 60 d 时 pH 降至最低，土壤有效磷和速效钾含量变化趋势为先升高后下降；④施用生物有机肥可提高土壤微生物活性，进而提高土壤养分可用性。因此，本书以石灰、绿肥和生物有机肥作为改土物料，进行协同改良酸性植烟土壤的试验，探讨施用不同的改土物料组合后酸性土壤 pH 及理化性质的动态变化，旨在为酸性土壤的改良提供参考。

5.2.1 材料与方法

（1）试验材料

试验在湖南省湘西州花垣县（28°31′35″N，109°27′4″E）进行。该地平均海拔 530.0 m，年平均气温 15.0℃，年降水量 1363.8 mm，无霜期 279.0 d，全年日照时数 1219.2 h，属亚热带季风山地湿润气候区。供试土壤类型为黄红壤，土壤密度、孔隙度分别为 1.23 g/cm³、53.58%，土壤 pH 为 5.07，土壤有机质、碱解氮、有效磷、速效钾含量分别为 20.42 g/kg、75.67 mg/kg、6.74 mg/kg、122.68 mg/kg。烤烟品种为云烟 87；绿肥品种为箭筈豌豆；石灰为当地市售；生物有机肥由金叶众望肥料有限责任公司提供 [$m(N) : m(P_2O_5) : m(K_2O) = 2 : 2 : 4$，有效活菌数 ≥0.5 亿个/g，有机质含量 ≥60%]。

（2）试验设计

试验设 4 个处理组，T1 组单独施用石灰；T2 组施用石灰和种植绿肥还田；T3 组施用石灰、种植绿肥还田和施用生物有机肥；CK 组采用常规栽培（不施石灰和生物有机肥，没有绿肥还田）。试验重复 3 次，小区面积为 33 m²，随机区组排列。石灰施用量为 2250 kg/hm²，于整地起垄前 4 月 13 日按用量均匀撒施；绿肥（鲜草）用量为 7500 kg/hm² [氮磷钾比例为 $m(N) : m(P_2O_5) : m(K_2O) = 3.18 : 0.46 : 1.77$，含水量为 85.9%]，于移栽前 4 月 14 日压埋入土；生物有机肥用量为 450 kg/hm²，于移栽前的 4 月 28 日起垄时条施。烤烟施氮量 109.5 kg/hm²，

氮、磷、钾比例为 $m(N):m(P_2O_5):m(K_2O)=1:1.27:2.73$，各处理组氮、磷、钾肥含量保持一致；其中 T2、T3 组添加的绿肥、生物有机肥中的氮含量通过调整基肥中复合肥施用量调节，以保证各处理组施氮量一致；不进行磷和钾的用量调节。4 月 30 日移栽烟苗，行距为 110 cm，株距为 50 cm；其他栽培管理措施同湘西优质烤烟生产技术规程。

（3）土壤理化性状检测指标及方法

于烤烟移栽后 30 d、60 d、90 d、120 d（终采期），采用 5 点取样方法，在两烟株的垄中间采集深度为 0~20 cm 耕层土壤，制成混合土样。采用环刀法测定土壤密度、孔隙度和水分；采用重铬酸钾容量法测定土壤有机质含量；采用碱解扩散法测定碱解氮含量；采用碳酸氢钠浸提－钼锑抗比色法测定有效磷含量；采用醋酸铵浸提－火焰光度法测定速效钾含量。

（4）数据处理

采用 Excel 2010 及 SPSS 20.0 等软件进行统计分析。用新复极差法进行多重比较，英文小写字母表示差异在 0.05 水平。

5.2.2　结果与分析

（1）使用不同酸性土壤修复组合的土壤物理特性动态变化

①土壤密度动态变化。

由图 5-13 可知，在烤烟移栽后 30 d，T1 组的土壤密度由 1.23 g/cm³ 升高至 1.24 g/cm³，提高了 0.8%；T2、T3 组的土壤密度由 1.23 g/cm³ 下降至 1.18 g/cm³、1.17 g/cm³，分别下降了 4.1%、4.9%；移栽后 120 d，T1 组土壤密

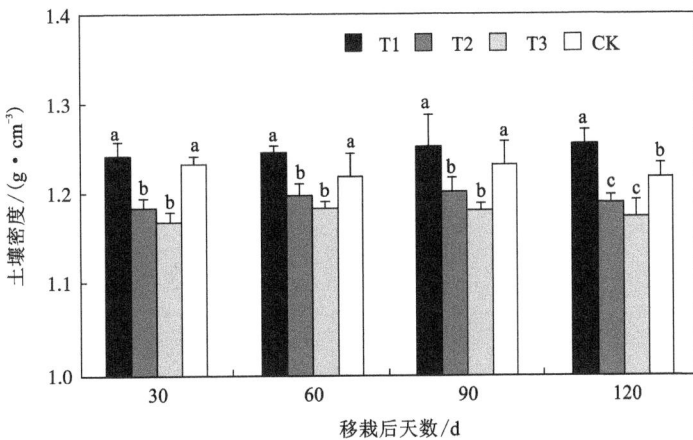

图 5-13　不同酸性土壤修复组合对土壤密度的影响

度升至 1.25 g/cm³，T2、T3 组土壤密度分别降至 1.19 g/cm³、1.17 g/cm³，较移栽后 30 d 的土壤密度分别提高了 0.8%、0.8%、0%。但在此期间 CK 组土壤密度在 1.22 g/cm³ 至 1.23 g/cm³ 间变化，略低于土壤背景值。可见，施用改土物料后，同一处理组土壤密度变化较小。

在烤烟移栽后 30~120 d，T2、T3 组土壤密度始终显著低于 CK 组，至 120 d 时土壤密度较 CK 组分别降低了 2.46%、4.10%。在烤烟移栽后 30~90 d，T1 组的土壤密度与 CK 组无显著差异，至 120 d 时显著高于 CK 组，相对于 CK 组高 2.5%；T2、T3 组的土壤密度显著低于 T1 组。可见，施用不同改土物料对土壤密度有影响，以石灰+绿肥+生物有机肥降低土壤密度的效果最好，而单施石灰会提高土壤密度。

②土壤孔隙度动态变化。

由图 5-14 可知，在烤烟移栽后 30 d，T1、T2、T3 组土壤孔隙度由 53.58% 分别升高至 54.73%、55.37%、56.02%，分别上升了 2.1%、3.3%、4.6%；至移栽后 90 d，T1、T2、T3 组土壤孔隙度分别降至 53.13%、54.53%、54.91%，较移栽后 30 d 的土壤孔隙度分别下降了 2.9%、1.5%、2.0%；至移栽后 120 d，T1、T2、T3 组土壤孔隙度分别升高至 53.16%、55.08%、55.62%，较移栽后 90 d 的土壤孔隙度分别升高了 0.05%、1.0%、1.3%，但在此期间 CK 组土壤孔隙度在 55.53% 至 54.57% 之间变化，略高于土壤背景值。可见，施用改土物料后，不同处理组的土壤孔隙度呈"高—低（90 d）—高"的变化趋势。

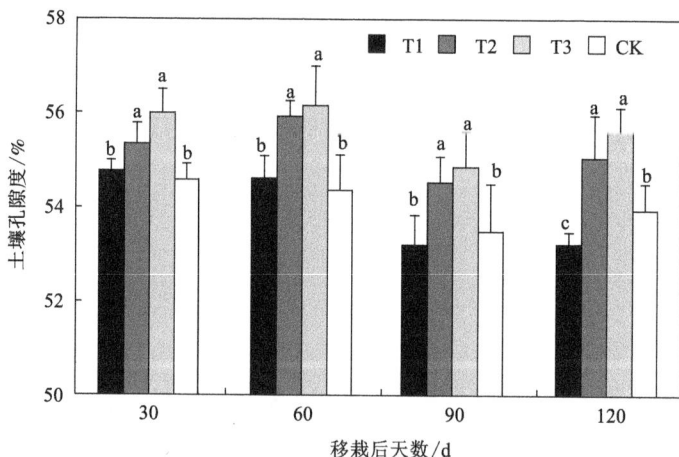

图 5-14　不同酸性土壤修复组合对土壤孔隙度的影响

在烤烟移栽后 30~120 d，T2、T3 组土壤孔隙度始终显著高于 CK 组；至

120 d 时,土壤孔隙度较 CK 组分别高 2.02%、3.02%。T1 组的土壤孔隙度在烤烟移栽后 30~90 d 与 CK 组无显著差异,至 120 d 时,显著低于 CK 组。可见,施用改土物料能改变土壤孔隙度,其中以石灰+绿肥+生物有机肥提高土壤孔隙度的效果最佳;单施石灰对土壤孔隙度影响不大,施用后期可能会降低土壤孔隙度。

③土壤含水量动态变化。

由图 5-15 可知,在烤烟移栽后 90 d,T1、T2、T3 组土壤含水率分别由 37.68%、38.95%、38.77% 降低至 12.63%、14.80%、14.22%,分别降低了 66.5%、62.0%、63.3%;至移栽后 120 d,T1、T2、T3 组土壤含水率分别升至 23.52%、26.22%、27.41%,较移栽 90 d 时的土壤含水率分别升高了 86.2%、77.2%、92.8%。可见,施用改土物料后,不同处理组的土壤含水率呈"高—低(90 d)—高"的变化趋势,烤烟移栽后期(90~120 d)受干旱的影响明显降低。移栽后 30~60 d,T1、T2、T3 组的土壤水分与 CK 组相比差异不显著;移栽后 90~120 d,T2、T3 组的土壤水分显著高于 CK 组,与 CK 组相比分别高 24.2%、18.8%,而 T1 组与 CK 组差异不显著。由此可见,在土壤受到干旱影响时,T2、T3 组改土物料可在一定程度上保持土壤水分,其中以石灰+绿肥+生物有机肥(T3 组)效果最好,这可能与 T2、T3 组改土物料中绿肥、生物有机肥的加入增加了土壤吸湿水量有关。

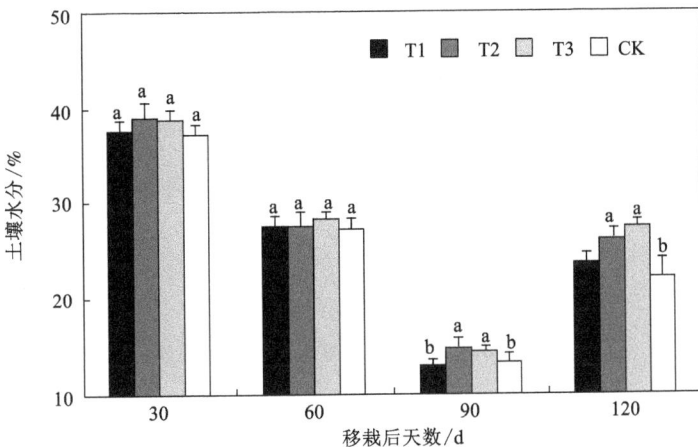

图 5-15　不同酸性土壤修复组合对土壤水分的影响

(2)不同酸性土壤修复组合的土壤主要养分动态变化

①土壤有机质动态变化。

由图 5-16 可知,在烤烟移栽后 30 d,T1、T2、T3 组土壤有机质含量由 20.42 g/kg 分别升高至 24.73 g/kg、29.89 g/kg、31.96 g/kg,分别上升了 21.1%、

46.4%、56.5%；至移栽后 90 d，T1、T2、T3 组土壤有机质含量分别降至 22.10 g/kg、29.55 g/kg、30.73 g/kg，较移栽 30 d 时的土壤有机质含量分别下降了 10.6%、1.1%、3.8%；至移栽后 120 d，T1、T2、T3 组土壤有机质含量又分别升高至 22.88 g/kg、30.98 g/kg、33.98 g/kg，较移栽 90 d 时的土壤有机质含量分别升高了 3.5%、4.8%、10.6%，但在此期间 CK 组土壤有机质含量在 23.45 g/kg 至 24.63 g/kg 间变化，略高于土壤背景值。可见，施用改土物料后，同一处理组的土壤有机质含量变化较大，且有机质含量呈"高—低(90 d)—高"的变化趋势。

在移栽后 30~60 d，T2、T3 组的有机质含量始终与 CK 组差异显著，而 T1 组与 CK 组差异不显著。在移栽后 90~120 d 时，T1、T2、T3 组的有机质含量与 CK 组差异显著，T2、T3 组的有机质含量显著高于 CK 组。至 120 d 时，T2、T3 组的有机质含量较 CK 组分别高 27.6%、39.3%，这可能与 T2、T3 组施用绿肥和生物有机肥导致有机质含量增加有关。但单施石灰的土壤有机质含量下降了。可见，施用不同的改土物料对土壤有机质的影响不同，单施石灰降低了土壤有机质含量，而施用石灰+绿肥、石灰+绿肥+生物有机肥能明显提高土壤有机质含量。

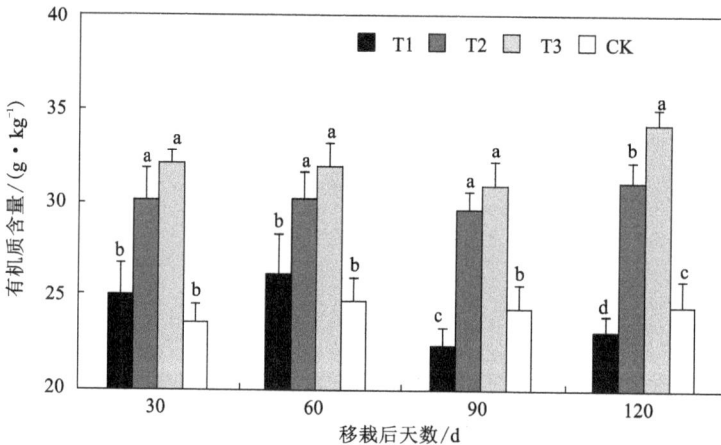

图 5-16　不同酸性土壤修复组合对土壤有机质的影响

②土壤碱解氮动态变化。

由图 5-17 可知，在烤烟移栽后 60 d，T1、T2、T3 组土壤碱解氮含量由 75.67 mg/kg 分别升高至 119.01 mg/kg、122.72 mg/kg、121.68 mg/kg，分别上升了 57.3%、62.2%、60.8%；至移栽后 90 d，T1、T2、T3 组土壤碱解氮含量分别降低至 113.70 mg/kg、111.93 mg/kg、111.48 mg/kg，较移栽后 60 d 的土壤碱解氮含量分别降低了 4.5%、8.8%、8.4%；至移栽后 120 d，T1、T2、T3 组土壤碱解氮含量分别升至 123.92 mg/kg、116.25 mg/kg、115.48 mg/kg，较移栽后 90 d 的土

壤碱解氮含量分别升高了 9.0%、3.9%、3.6%，但在此期间 CK 组土壤碱解氮含量在 96.23 mg/kg 至 108.29 mg/kg 间变化，高于土壤背景值。可见，施用改土物料后，土壤碱解氮含量呈"低（30 d）—高（60 d）—低（90 d）—高（120 d）"的变化趋势。

在烤烟移栽后 30~120 d，T1、T2、T3 组的碱解氮含量始终与 CK 组差异显著；其中，T1 组的碱解氮含量始终显著高于 CK 组；T2、T3 组的碱解氮含量在移栽后 30 d 显著低于 CK 组，在移栽后 60~120 d 显著高于 CK 组。至 120 d 时，T1、T2、T3 组的碱解氮含量显著高于 CK 组，较 CK 组分别高 25.7%、18.0%、17.1%。由此可见，施用不同改土物料对碱解氮含量有明显影响，以单施石灰的效果最佳。

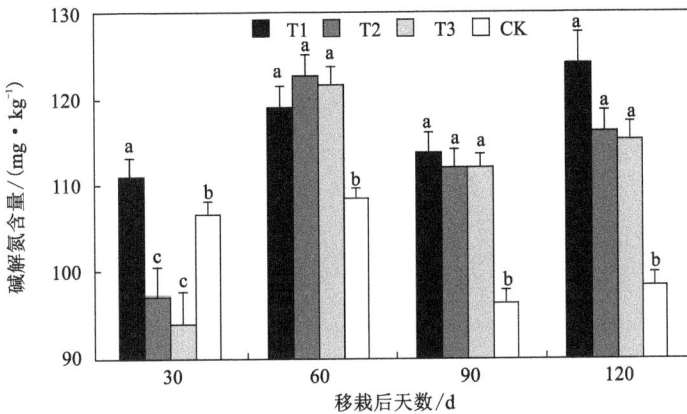

图 5-17　不同酸性土壤修复组合对土壤碱解氮的影响

③土壤有效磷动态变化。

由图 5-18 可知，在烤烟移栽后 30 d，T1、T2、T3 组土壤有效磷含量由 6.74 mg/kg 分别升高至 18.06 mg/kg、22.77 mg/kg、28.52 mg/kg，分别上升了 168.0%、237.8%、323.1%；至移栽后 120 d，T1、T2、T3 组土壤有效磷含量分别升至 30.13 mg/kg、32.77 mg/kg、44.31 mg/kg，较移栽 30 d 时土壤有效磷含量分别升高了 66.8%、43.9%、55.4%；但在此期间 CK 组土壤有效磷含量在 15.44 mg/kg 至 25.49 mg/kg 间变化，高于土壤背景值。可见，施用改土物料后，不同处理组有效磷含量呈递增的变化趋势。

在烤烟移栽后 30~120 d，T1、T2、T3 组的有效磷含量显著高于 CK 组，且 T3 组的有效磷含量始终显著高于 T1、T2 组。至 120 d 时，T1、T2、T3 组的有效磷含量较 CK 组分别高 18.2%、28.6%、69.9%。可见，不同的改土物料可显著提高有效磷含量，以施用石灰+绿肥+生物有机肥的效果最好。

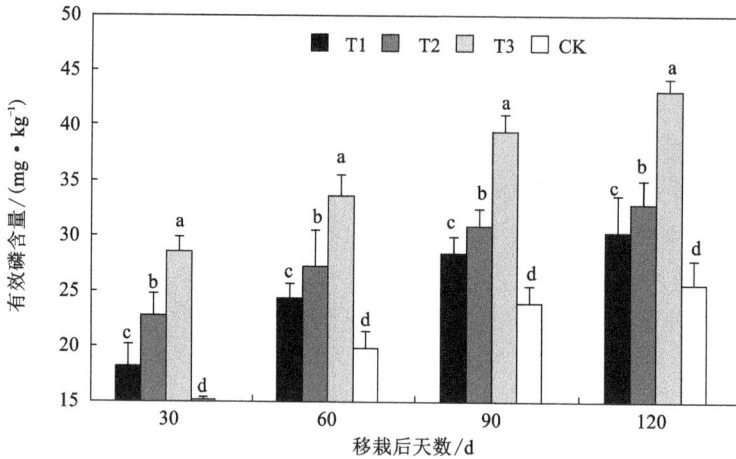

图 5-18 不同酸性土壤修复组合对土壤有效磷的影响

④土壤速效钾动态变化。

由图 5-19 可知，烤烟移栽后 30 d，T1、T2、T3 组土壤速效钾含量由 122.68 mg/kg 分别升高至 167.95 mg/kg、173.64 mg/kg、176.87 mg/kg，分别上升了 36.9%、41.5%、44.2%；至移栽后 120 d，T1、T2、T3 组土壤速效钾含量分别升至 189.79 mg/kg、203.50 mg/kg、232.77 mg/kg，较移栽 30 d 时土壤速效钾含量分别升高了 13.0%、17.2%、31.6%；但在此期间 CK 组土壤速效钾含量在 155.71 mg/kg 至 262.33 mg/kg 间变化，高于土壤背景值。可见，施用改土物料后，不同处理组的速效钾含量呈递增的变化趋势。

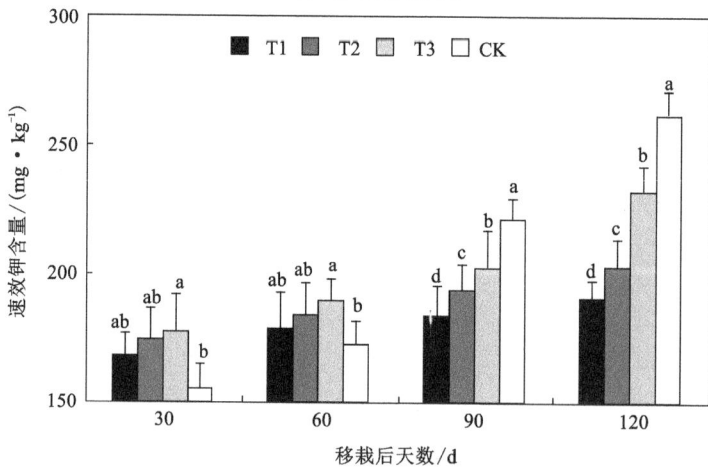

图 5-19 不同酸性土壤修复组合对土壤速效钾的影响

在移栽后 30~60 d，T1、T2 组的土壤速效钾含量与 CK 组差异不显著，但高于 CK 组；而 T3 组的土壤速效钾含量显著高于 CK 组。在移栽后 90~120 d，T1、T2、T3 组的土壤速效钾含量显著低于 CK 组，至 120 d 时，较 CK 组分别减少27.7%、22.4%、11.3%。由此可见，施用不同的改土物料会使土壤速效钾含量降低，其中施用石灰+绿肥+生物有机肥的土壤速效钾含量降低得最少。

5.2.3　小结

①在烤烟的生长发育过程中，施用改土物料会导致土壤碱解氮含量先升高后下降。施用改土物料会导致土壤 pH 升高，有效磷含量增加，当 pH 为 6.0 左右时，有效磷含量达到最高，随后会随着 pH 升高而下降。因此施用石灰改良酸性土壤时，应适当配施其他有机物料，以缓解石灰对土壤的副作用。

②对于强酸性土壤，在施用石灰的基础上，增施绿肥和生物有机肥，可提高土壤有机质含量，增加土壤微生物量，实现酸化土壤的可持续改良。

5.3　石灰+绿肥+生物肥修复酸化土壤的效应

优质烤烟生产的适宜土壤 pH 为 5.5~7.0，但长期大量施用化肥和连作会导致植烟土壤酸化加剧，引起土壤理化性质恶化、铝离子和重金属活度升高、土壤微生物活性降低等问题，影响烤烟生长发育和对养分的吸收，使烟叶产量和品质下降，已成为制约烤烟生产的障碍之一。酸性土壤改良的研究多集中于单一改良物料，一种研究认为在酸性土壤上施用生石灰能明显中和土壤酸性，显著促进大麦幼苗生长；一种研究认为石灰是改良烟区酸性土壤及提高烟叶产量、质量和安全性的有效技术措施。多物料组合能表现出良好的互补性，提高酸性土壤改良效果，一种研究采用化肥、石灰、腐殖酸钾配施提升土壤酸害，促进烤烟的养分吸收，提高烟叶品质；一种研究用农林废弃物制成改良剂，明显改善了烟田土壤物理性状；一种研究采用"石灰+菌棒+常规化肥"组合改良酸性土壤取得了良好效果。以单一石灰为主的酸性土壤改良技术，较难保证改良效果的稳定持续，如果长期施用，还会引起土壤泛酸化；种植绿肥还田可提高土壤有机质含量和缓冲能力，有利于阻控土壤酸化；施用生物有机肥可提高土壤有益微生物量和生物多样性。如何将三者结合以改良酸性土壤的报道较少。鉴于此，本书以烤烟作为研究对象，以石灰作为酸性土壤改良基础物，配施绿肥和生物有机肥，进行酸性土壤改良试验，为酸性土壤可持续改良提供参考。

5.3.1 材料与方法

（1）试验材料

试验在湖南省湘西州花垣县（28°31′35″N，109°27′4″E）进行。该地平均海拔530.0 m，年平均气温15.0 ℃，年降雨量1363.8 mm，无霜期279.0 d，全年日照时数1219.2 h，属亚热带季风山地湿润气候区。烤烟品种为云烟87；绿肥品种为箭筈豌豆；石灰为当地市售；生物有机肥由金叶众望肥料有限责任公司提供，N、P_2O_5、K_2O含量分别为2.0%、2.0%、4.0%，有效活菌数≥0.5亿个/g。供试土壤类型为黄红壤，土壤密度、孔隙度分别为1.23 g/cm³、53.58%，土壤pH为5.07，土壤有机质、碱解氮、有效磷、速效钾含量分别为20.42 g/kg、75.67 mg/kg、6.74 mg/kg、122.68 mg/kg，土壤水解性酸、交换性酸、交换性氢、交换性铝含量分别为3.32 cmol/kg、8.15 cmol/kg、3.51 cmol/kg、4.64 cmol/kg，土壤交换性盐基总量、阳离子交换量、盐基饱和度分别为3.52 cmol/kg、7.06 cmol/kg、49.89%。

（2）试验设计

试验选用石灰、绿肥、生物有机肥构成不同的酸性土壤修复组合。设4个处理组，T1组施用石灰；T2组施用石灰+绿肥；T3组施用石灰+绿肥+生物有机肥；CK组采用常规栽培（不施石灰、绿肥、生物有机肥）。试验重复3次，小区面积为33 m²，随机区组排列。石灰施用量为2250 kg/hm²，于整地起垄前按用量均匀撒施，翻压混匀。绿肥用量为7500 kg/hm²，于移栽前一个月压埋入土。生物有机肥用量为450 kg/hm²，于起垄前条施。烤烟施氮量为109.5kg/hm²，氮、磷、钾比例为1:1.27:2.73，各处理组氮、磷、钾施肥含量保持一致；其中T2、T3组添加的绿肥、生物有机肥养分量通过调整基肥中复合肥施用量进行调节。其他栽培管理措施同湘西优质烤烟生产技术规程。

（3）检测指标及方法

①土壤理化性状检测。于烤烟终采期，采用5点取样方法，在两烟株的垄中间采集深度为0~20 cm的耕层土壤，制成混合土样。土壤密度（SBD）和孔隙度（SP）采用环刀法测定；土壤有机质含量（SOM）采用重铬酸钾容量法测定；碱解氮含量（AN）采用碱解扩散法测定；有效磷含量（AP）采用碳酸氢钠浸提-钼锑抗比色法测定；速效钾（AK）含量采用醋酸铵浸提-火焰光度法测定。采用电位法测定土壤pH（水土比为1:1）；采用NaAC浸提-NaOH滴定法测定水解性酸浓度（HA）；采用氯化钾-中和滴定法测定交换性酸浓度（EA）、交换性氢浓度（EH^+）、交换性铝浓度（EAl^{3+}）；采用醋酸铵法测定土壤阳离子交换量（CEC）、交换性盐基总量（EB），并计算盐基饱和度[BS（%）=EB/CEC×100]。

②烤烟农艺性状调查。从每个小区选定5棵烟株进行观察，于移栽后30 d、60 d，按照标准《烟草农艺性状调查测量方法》（YC/T 142—2010）测定其株高、茎

围、节距、叶片数、最大叶长与宽等。最大叶面积＝叶长×叶宽×0.6345。

③烤烟经济性状考察。每个处理组采用单采、单烤，烟叶分级后考察上等烟比例、均价、产量、产值等烟叶经济性状。

④烟叶物理特性评价。按照《中华人民共和国国家标准：烤烟》（GB 2635—1992）选取各处理小区具有代表性的 B2F、C3F 等级的上部和中部烟叶，主要测定其开片率（叶片宽度与长度的百分比）、含梗率、平衡含水率、叶片厚度、单叶重、叶质重（单位面积烟叶质量）等物理特性指标。为更加方便比较不同处理组烟叶物理性状综合效果，将 C3F、B2F 等级烟叶的物理性状指标分别运用效果测度模型转换为 0～1 标准化数值；采用主成分分析方法计算开片率、含梗率、平衡含水率、叶片厚度、单叶重、叶质重等物理特性评价指标的权重，其值分别为16.42%、21.80%、12.84%、19.06%、10.55%、19.33%；采用加权指数和法构建烟叶物理特性指数，其值越大，物理性状综合表现越好。

⑤烟叶化学成分评价。采用荷兰 SKALAR San++间隔流动分析仪测定各试验小区具有代表性的 B2F、C3F 等级烟叶的总糖、还原糖、总氮、烟碱、氯含量，用火焰光度法测定烟叶钾含量。为更加方便比较不同处理组主要化学成分综合效果，运用模糊数学理论中的隶属函数将各化学成分的原始数据进行 0～1 的标准化数值转换；采用主成分分析方法计算总糖、还原糖、总氮、烟碱、钾、氯的权重，其值分别为 14.4%、15.9%、10.4%、27.8%、24.6%、6.9%；采用加权指数和法构建化学成分可用性指数，其值越大，化学成分综合表现越好。

⑥烟叶感官评吸。主要评定 B2F、C3F 等级烟叶感官质量。采用感官评吸指标，由广西中烟技术中心组织 5 名感官评吸专家进行赋分。采用加权法计算感官评吸总分，分别将香气质、香气量、杂气、刺激性、透发性、柔细度、甜度、余味、浓度、劲头等指标赋予 15%、15%、10%、10%、10%、10%、10%、10%、5%、5%的权重。

（4）数据处理

采用 Excel 2010 及 SPSS 20.0 等软件进行统计分析。用新复极差法进行多重比较，英文大写字母表示差异显著性在 0.01 水平，小写字母表示差异显著性在0.05 水平。采用 F 值来比较不同处理组对各评价指标变异的贡献率大小。

5.3.2　结果与分析

（1）不同酸性土壤修复组合对土壤理化特性的影响

从表 5-1 可知，使用改土物料处理的土壤密度较 CK 组降低了 0.81%～1.63%，土壤孔隙度较 CK 组增加了 0.17%～1.63%；其中，T3 组土壤密度显著低于 CK、T1 组，孔隙度显著高于 CK 组、T1 组，与 T2 组差异不显著。这表明施用改土物料可降低土壤密度、增加土壤孔隙度，尤其是以 T3 组效果最好。

从表 5-1 可知，T2、T3 组有机质含量显著高于 CK、T1 组；T1 组有机质含量低于 CK 组，但差异不显著。改土物料处理的土壤碱解氮含量较 CK 组提高了 17.13%~25.69%，但 T1、T2、T3 组碱解氮含量差异不显著；有效磷含量较 CK 组增加 5.76%~34.22%，T1、T2、T3 组有效磷含量差异显著，以 T3 组有效磷含量最高；速效钾含量较 CK 组降低了 11.27%~31.08%，T1、T2、T3 组速效钾含量差异显著，以 T1 组速效钾含量最低。可见施用改土物料可提高土壤碱解氮、有效磷含量，但会降低土壤速效钾的有效性。从 F 值大小可知，在土壤理化特性方面，改土物料对土壤有机质的影响最大，其次是土壤有效磷。

表 5-1　不同改土物料对土壤物理性状和养分的影响

处理组及统计指标	SBD /(g·cm⁻³)	SP/%	SOM /(g·kg⁻¹)	HN /(cmol·kg⁻¹)	HP /(mg·kg⁻¹)	HK /(mg·kg⁻¹)
T1	1.21± 0.01a	54.16± 0.29b	22.88± 2.71b(B)	123.92± 3.80a(A)	30.13± 2.43c(B)	301.31± 22.83(d)
T2	1.19± 0.02ab	55.08± 0.86ab	32.98± 2.14aA	116.25± 9.50aAB	32.77± 1.46bB	339.17± 28.00c
T3	1.17± 0.02b	55.62± 0.53a	30.98± 0.72aA	115.48± 6.99aAB	43.31± 1.13aA	387.95± 16.94b
CK	1.22± 0.01a	53.99± 0.51b	24.39± 1.27bB	98.59± 0.38bB	28.49± 0.28 dB	437.21± 36.82a
F 值	5.32	5.28	7.00	5.51	16.64	11.52
P 值	0.03	0.03	0.00	0.01	0.00	0.02

　　(2)不同酸性土壤修复组合对土壤酸度特性指标的影响

　　从表 5-2 可知，T1、T2、T3 组土壤 pH 较 CK 组提高了 0.22~1.07，T1、T2、T3 组间差异显著。T1、T2、T3 组水解性酸较 CK 组低 58.03%~77.01%，交换性酸、交换性 H^+、交换性 Al^{3+} 较 CK 组分别低 75.76%~80.81%、94.59%~97.68%、64.29%~69.93%；不同处理组按土壤水解性酸、交换性酸、交换性 H^+、交换性 Al^{3+} 浓度大小排序为：CK 组>T1 组>T2 组>T3 组，不同处理组间差异显著。T1、T2、T3 组处理土壤交换性盐基总量和阳离子交换量较 CK 组分别高 15.47%~16.53%、13.19%~17.59%，但 T1、T2、T3 组间差异不显著；不同处理组的盐基饱和度差异不显著。这表明施用改土物料可提高土壤 pH，降低土壤水解性酸、交换性酸、交换性 H^+、交换性 Al^{3+} 浓度，提高土壤交换性盐基总量和阳离子交换量；不同改土物料降低土壤水解性酸和潜性酸含量的效果以 T3 组最好。从 F 值大小可知，改土物料对土壤交换性酸总量的影响最大，其次是土壤水解性酸，再次是土壤 pH。

表 5-2　不同改土物料对土壤酸度特性指标的影响

处理组及统计指标	pH	HA/(cmol·kg⁻¹)	EA/(cmol·kg⁻¹)	EH⁺/(cmol·kg⁻¹)	EAl³⁺/(cmol·kg⁻¹)	EB/(cmol·kg⁻¹)	CEC/(cmol·kg⁻¹)	BS/%
T1	5.38±0.24cC	2.72±0.01bB	2.40±0.03bB	0.21±0.07b B	2.15±0.02bB	4.37±0.02aA	8.29±0.18aA	52.82±1.31
T2	5.86±0.15bB	2.16±0.02cC	2.20±0.02cC	0.13±0.36cC	2.08±0.01cC	4.36±0.08aA	8.14±0.27aA	53.60±1.94
T3	6.13±0.09aA	1.49±0.12dD	1.90±0.01dD	0.09±0.13dD	1.81±0.01dD	4.33±0.19aA	7.98±0.12aA	54.27±2.72
CK	5.06±0.21dD	6.48±0.11aA	9.90±0.01aA	3.88±1.88aA	6.02±1.88aA	3.75±0.03bB	7.05±0.07bB	52.25±0.10
F 值	174.35	223.58	403.03	9.95	12.82	25.40	30.18	0.35
P 值	0.00	0.00	0.00	0.00	0.00	0.00	0.00	0.79

（3）不同酸性土壤修复组合对烤烟农艺性状的影响

从表 5-3 可知，烤烟移栽后 30 d，不同改土物料处理组烤烟株高、节距、叶片数及最大叶面积均显著低于 CK 组；同时，T1 组的烤烟株高、节距、叶片数及最大叶面积均显著低于 T2、T3 组。烤烟移栽后 60 d，不同改土物料处理组烤烟株高和最大叶面积均显著高于 CK 组，但 T1 组的叶片数显著低于 CK 组，也低于 T2、T3 组，不同改土物料处理组中以 T3 组的农艺性状相对较好。表明施用改土物料可抑制烤烟前期生长，但对烤烟中期生长有促进作用。从 F 值大小可知，改土物料对烤烟株高影响最大。

表 5-3　不同改土物料对烤烟农艺性状的影响

移栽时间/d	处理组及统计指标	株高/cm	茎围/cm	节距/cm	叶片数/片	最大叶面积/cm²
30	T1	33.43±1.19cC	4.13±0.30	1.84±0.17cC	9.33±0.32b	509.19±70.16bB
	T2	36.67±0.23bB	4.52±0.60	2.06±0.07bB	9.67±0.58b	581.82±77.12bB
	T3	36.87±0.21bB	4.70±0.62	2.09±0.05bB	10.00±1.00b	651.99±41.62bB
	CK	38.63±0.06aA	4.47±0.17	2.31±0.09aA	11.67±0.58a	804.83±107.14aA
	F 值	36.97	0.79	10.50	6.44	7.94
	P 值	0.00	0.53	0.00	0.02	0.01

续表5-3

移栽时间/d	处理组及统计指标	株高/cm	茎围/cm	节距/cm	叶片数/片	最大叶面积/cm²
60	T1	137.33±1.53bAB	7.57±0.21	4.95±0.17	20.67±0.58bB	2508.33±72.65b
	T2	136.67±1.53bB	8.17±0.70	4.83±0.17	24.33±1.53aA	2616.67±21.03a
	T3	143.00±3.46aA	7.73±0.59	4.63±0.07	24.00±1.00aA	2560.33±16.89b
	CK	130.67±1.15cC	8.23±0.40	5.01±0.25	24.00±0.02aA	2436.67±58.10c
	F值	16.96	1.22	2.60	9.79	10.30
	P值	0.00	0.36	0.12	0.00	0.02

(4)不同酸性土壤修复组合对烤烟经济性状的影响

从表5-4可知,不同改土物料对烤烟上等烟比例及产量、产值均有显著的影响,而对中等烟比例及均价影响不显著,以对烤烟产量的影响最大。T1、T2、T3组的上等烟比例较CK组增加了7.84%~10.92%,T2、T3组上等烟比例显著高于CK组。T1、T2、T3组的烤烟产量较CK组增加了3.71%~21.13%,T2、T3组产量显著高于T1、CK组,T1组产量与CK组差异不显著。T1、T2、T3组的产值较CK组增加了0.59%~14.62%,T2、T3组的产值显著高于T1、CK组,T1组产值与CK组差异不显著。表明T2、T3组改土物料可提高上等烟比例,增加烟叶产量和产值。

表5-4 不同改土物料对烤烟经济性状的影响

处理组及统计指标	上等烟比例/%	中等烟比例/%	均价/(元·kg⁻¹)	产量/(kg·hm⁻²)	产值/(元·hm⁻²)
T1	46.32±6.91ab	49.29±5.28a	23.16±4.78a	1883.24±6.76bB	43634.36±156.82cC
T2	47.41±2.14a	47.33±3.69a	22.49±2.16a	2139.45±42.08aA	48163.46±541.85bB
T3	49.40±2.30a	46.17±2.73a	22.59±2.70a	2199.62±18.38aA	49718.79±223.03aA
CK	38.48±3.93b	52.92±3.49a	23.88±1.19a	1815.93±21.06bB	43377.98±496.35dC

续表5-4

处理组及统计指标	上等烟比例/%	中等烟比例/%	均价/（元·kg⁻¹）	产量/（kg·hm⁻²）	产值/（元·hm⁻²）
F 值	3.75	1.719	0.14	163.89	9.77
P 值	0.06	0.24	0.94	0.00	0.01

（5）不同酸性土壤修复组合对烟叶物理特性的影响

从表 5-5 可知，不同改土物料处理组烤烟上部叶（B2F）开片率、单叶重及物理特性指数存在显著差异，其余物理特性指标差异不明显。T1、T2、T3 组的开片率较 CK 组提高了 0.64%～2.71%；其中，T1、T3 组开片率显著高于 T2、CK 组，T2 组开片率与 CK 组差异不显著。T2、T3 组的单叶重较 CK 组提高了 0.64%～2.71%；T2、T3 组的单叶重显著高于 T1、CK 组，T1 组单叶重与 CK 组差异不显著。T1、T2、T3 组物理特性指数较 CK 组高 0.62%～3.46%，T3 组最大，显著高于其余处理组；T2 组次之，显著高于 T1、CK 组；T1 组与 CK 组差异不显著。不同改土物料处理组烤烟中部叶（C3F）物理特性差异不显著，按物理特性指数大小排序为：T3 组>T2 组>T1 组>CK 组。从 F 值大小可知，改土物料对烤烟物理特性指数影响最大，其次是开片率，再次是单叶重。可见，改土物料修复酸性土壤可提高烟叶物理特性，以 T3 组的效果最好。

表 5-5　不同改土物料对烟叶物理特性的影响

等级	处理组及统计指标	开片率/%	含梗率/%	平衡含水率/%	叶厚/mm	单叶重/g	叶质重/(g·m⁻²)	物理特性指数
B2F	T1	33.20±1.51a	31.90±2.66a	14.10±1.75a	0.09±0.02a	8.56±2.45b	70.24±2.58a	86.69±1.54c
	T2	31.59±1.66b	30.92±1.63a	13.57±1.58a	0.10±0.01a	10.80±1.97a	70.77±3.17a	88.38±1.07b
	T3	33.66±2.09a	30.69±1.59a	13.52±1.94a	0.10±0.01a	10.95±2.15a	70.03±2.65a	89.53±1.26a
	CK	30.95±1.03b	32.79±1.55a	14.22±1.35a	0.09±0.02a	9.67±1.79b	72.36±2.83a	86.07±2.03c
	F 值	11.08	2.56	3.42	0.47	10.08	3.86	14.79
	P 值	0.03	0.13	0.25	0.78	0.05	0.21	0.04

续表5-5

等级	处理组及统计指标	开片率/%	含梗率/%	平衡含水率/%	叶厚/mm	单叶重/g	叶质重/(g·m⁻²)	物理特性指数
C3F	T1	34.39±1.29a	31.10±2.18a	16.87±1.38a	0.08±0.01a	11.64±2.57a	61.51±2.13a	90.16±1.04a
	T2	35.85±2.01a	29.81±1.19 a	17.87±1.35 a	0.09±0.02 a	11.47±1.43 a	64.05±2.73 a	90.25±1.57 a
	T3	34.97±1.97a	30.58±2.09 a	18.07±1.39 a	0.09±0.02 a	11.74±1.46 a	59.92±3.00 a	91.18±1.96 a
	CK	34.25±1.80a	30.67±2.48 a	16.23±1.11 a	0.09±0.02 a	11.02±1.24 a	57.58±2.46 a	88.29±2.04 a
	F 值	3.62	2.41	3.30	0.46	3.48	3.46	6.85
	P 值	0.49	0.12	0.18	0.28	0.19	0.16	0.09

(6)不同酸性土壤修复组合对烟叶化学成分的影响

从表5-6可知,不同改土物料处理组烤烟上部叶(B2F)化学成分指标除氯含量不存在显著差异外,其余均存在显著差异,以对烟叶糖类化合物的影响最大。T1、T2、T3 组的总糖和还原糖含量较 CK 组分别显著增加了 3.28%~9.83%、2.53%~5.28%;其中 T3 组总糖及还原糖含量均最高。T1、T2、T3 的总氮和烟碱含量较 CK 组分别降低 0.09%~0.35%、0.41%~1.2%;T1、T3 组总氮含量显著低于 CK 组;T1、T2、T3 组的烟碱含量显著低于 CK 组。T2、T3 组钾含量显著高于 T1、CK 组,T1 组钾含量与 CK 组差异不显著。T3 组烟叶化学成分可用性指数显著高于 T1、T2、CK 组;T1、T2 组烟叶化学成分可用性指数显著高于 CK 组,两处理组间差异不显著。

不同改土物料处理的烤烟中部叶(C3F)除总氮、烟碱含量不存在明显差异外,其余化学成分指标均存在显著差异,也是以对烟叶糖类化合物的影响最大。T1、T2、T3 组的总糖含量均显著高于 CK 组;T2 组还原糖含量显著高于 T1、T3、CK 组。烟叶钾含量 T3 组最高,显著高于 T1、T2 组,与 CK 组间差异不明显;T1 组钾含量显著低于 CK 组。T2 组的烟叶氯含量显著高于 T1、T3、CK 组,但均在适宜范围内。各处理组烟叶化学成分可用性指数较 CK 组提高了 0.06%~2.45%;其中,T3 组化学成分可用性指数显著高于其余处理组。可见,改土物料修复酸性土壤可提高烟叶化学成分协调性,以 T3 组的效果最好。

表 5-6　不同改土物料对烟叶化学成分的影响

烟叶等级	处理组及统计指标	总糖含量/%	还原糖含量/%	总氮含量/%	烟碱含量/%	钾含量/%	氯含量/%	化学成分可用性指数
B2F	T1	24.08±0.09b	18.06±0.09b	2.56±0.13c	3.98±0.06c	1.65±0.08b	0.83±0.01a	50.70±1.09b
	T2	20.69±0.49c	17.51±0.34c	2.82±0.03ab	4.43±0.33b	1.90±0.03a	0.65±0.08a	50.73±1.11b
	T3	27.24±0.51a	20.26±0.25a	2.64±0.07bc	3.64±0.14c	1.93±0.04a	0.68±0.13a	55.08±2.08a
	CK	17.41±0.53d	14.98±0.13d	2.91±0.17a	4.84±0.13a	1.71±0.13b	0.69±0.04a	48.80±1.63c
	F 值	272.70	274.66	5.72	21.49	9.38	3.44	8.73
	P 值	0.00	0.00	0.02	0.00	0.01	0.07	0.04
C3F	T1	26.79±0.36cB	19.73±0.26bB	2.18±0.05a	2.92±0.05a	2.33±0.01c	0.46±0.01bB	87.67±1.65b
	T2	29.05±0.57aA	22.09±0.23aA	2.22±0.05a	2.73±0.04a	2.41±0.02bc	0.63±0.01aA	87.96±1.02b
	T3	28.30±0.12bA	20.03±0.37bB	2.31±0.11a	2.73±0.25a	2.58±0.16a	0.46±0.06bB	90.06±0.97a
	CK	25.67±0.30 dC	19.75±0.16bB	2.18±0.13a	2.69±0.15a	2.54±0.02ab	0.47±0.05bB	87.61±1.98b
	F 值	48.74	56.33	1.33	1.55	6.24	15.36	8.52
	P 值	0.00	0.00	0.33	0.27	0.02	0.00	0.04

（7）不同酸性土壤修复组合对烟叶评吸质量的影响

从表 5-7 可知，不同改土物料主要对烤后烟叶上部叶（B2F）香气质、香气量及透发性有显著影响，对上部叶其余评吸指标没有显著影响，以对香气质的影响最大。T1、T2、T3 组的烟叶香气质和香气量均高于 CK 组；其中，T3 组香气质和香气量显著高于 T1、T2、CK 组。T1、T2、T3 组烟叶透发性均高于 CK 组；其中，T1、T3 组的透发性显著高于 T2、CK 组。各处理组按烟叶评吸总分大小排序为：T3 组>T1 组>T2 组>CK 组；T3 组评吸总分显著高于 T1、T2、CK 组，T1、T2 组评吸总分显著高于 CK 组。

不同改土物料处理组烤烟中部叶（C3F）各项评吸指标没有显著影响。但从烟叶质量评吸总分来看，大小排序为：T3 组>T2 组>T1 组>CK 组，与 B2F 等级烟叶一致，但各处理组间差异不显著。可见，改土物料修复酸性土壤可提高烟叶评吸质量，以 T3 组效果最好。

表 5-7　不同改土物料对烟叶评吸质量的影响

烟叶等级	处理组及统计指标	香气质	香气量	杂气	刺激性	透发性	柔细度	甜度	余味	浓度	劲头	总分
B2F	T1	5.6±0.2bB	5.7±0.4b	5.4±0.4a	5.5±0.4a	6.0±0.4a	5.4±0.2a	5.4±0.2a	5.5±0.4a	6.0±0.1a	6.2±0.4a	56.7±1.9bB
	T2	5.7±0.2bB	5.6±0.4b	5.5±0.4a	5.7±0.3a	5.7±0.2b	5.7±0.3a	5.4±0.3a	5.6±0.3a	5.8±0.2a	5.9±0.2a	56.6±1.6bB
	T3	6.1±0.3aA	6.0±0.2a	5.8±0.4a	5.7±0.3a	6.1±0.3a	5.7±0.3a	5.7±0.4a	5.8±0.4a	5.9±0.3a	6.1±0.2a	58.9±1.2aA
	CK	5.5±0.0bB	5.5±0.3b	5.2±0.3a	5.5±0.1a	5.6±0.2b	5.5±0.1a	5.3±0.3a	5.4±0.4a	5.7±0.4a	5.8±0.4a	54.8±0.9cC
	F 值	7.90	3.70	2.17	0.97	3.78	2.25	1.60	1.06	1.03	1.33	4.74
	P 值	0.00	0.03	0.13	0.43	0.03	0.23	0.39	0.41	0.30	0.01
C3F	T1	6.1±0.4a	6.0±0.5a	5.7±0.4a	5.8±0.3a	5.9±0.4a	6.0±0.1a	6.0±0.3a	5.9±0.2a	5.7±0.3a	5.3±0.2a	58.4±2.0a
	T2	6.0±0.2a	6.1±0.4a	5.6±0.6a	5.8±0.4a	5.9±0.4a	6.0±0.1a	5.9±0.2a	5.8±0.4a	5.9±0.3a	5.5±0.4a	58.5±1.6a
	T3	6.4±0.4a	6.1±0.4	6.0±0.4a	6.1±0.4a	6.0±0.2a	6.0±0.4a	6.1±0.4a	6.0±0.2a	5.7±0.4a	5.4±0.4a	59.8±1.8a
	CK	5.8±0.4a	5.9±0.4a	5.6±0.4a	5.8±0.3a	5.8±0.2a	6.0±0.4a	5.8±0.2a	5.9±0.3a	5.7±0.2a	5.6±0.4a	57.9±2.2a
	F 值	2.27	0.24	0.77	0.86	0.31	0.00	1.11	0.44	0.50	0.61	0.91
	P 值	0.12	0.87	0.52	0.48	0.82	1.00	0.37	0.72	0.69	0.62	0.46

5.3.3　小结

①施用石灰再配施绿肥、生物有机肥能使土壤密度显著降低、孔隙度明显增加。石灰、绿肥和生物有机肥协同修复酸性土壤的效果，以石灰+绿肥+生物有机肥最好，石灰+绿肥和单施石灰的效果较差。因此，酸化土壤改良应在施用石灰

的基础上，增施绿肥和生物有机肥，以提高酸化土壤的改良效果。

②利用石灰、绿肥和生物有机肥在修复酸化土壤时，三者协同和效应叠加，可提高土壤有机质、碱解氮、有效磷含量，提高土壤 pH 和微生物量，降低土壤水解性酸、交换性酸、交换性 H^+、交换性 Al^{3+} 含量，提高土壤交换性盐基总量、阳离子交换量，增强土壤缓冲性能和酶活性，有利于酸性土壤修复效果的稳定，可促进烤烟中期生长。

③施用石灰+绿肥+生物有机肥提高酸性土壤 pH 后，可提高烟叶上等烟比例，增加烟叶产量、产值，提高烟叶物理特性指数、化学成分指数和评吸总分，从而提高烟叶可用性。

图书在版编目(CIP)数据

湘西烟田连作障碍绿色调控技术及机理／刘勇军，孟德龙，杨红武主编. --长沙：中南大学出版社，2025.5.
ISBN 978-7-5487-5908-9
Ⅰ. S572
中国国家版本馆 CIP 数据核字第 20240FB632 号

湘西烟田连作障碍绿色调控技术及机理
XIANGXI YANTIAN LIANZUO ZHANGAI LÜSE TIAOKONG JISHU JI JILI

刘勇军　孟德龙　杨红武　主编

□出 版 人　林绵优
□责任编辑　刘小沛
□责任印制　李月腾
□出版发行　中南大学出版社
　　　　　　社址：长沙市麓山南路　　　　邮编：410083
　　　　　　发行科电话：0731-88876770　传真：0731-88710482
□印　　装　广东虎彩云印刷有限公司

□开　　本　710 mm×1000 mm 1/16　□印张 8　□字数 161 千字
□互联网+图书　二维码内容　图片 7 张　字数 1 千字
□版　　次　2025 年 5 月第 1 版　□印次 2025 年 5 月第 1 次印刷
□书　　号　ISBN 978-7-5487-5908-9
□定　　价　48.00 元